快学习教育编著

Scratch
少儿编程
从入门到精通

全彩视频版

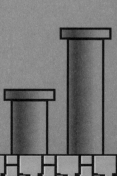

北京理工大学出版社
BEIJING INSTITUTE OF TECHNOLOGY PRESS

图书在版编目（CIP）数据

Scratch 少儿编程从入门到精通：全彩视频版 / 快学习教育编著 . -- 北京：北京理工大学出版社，2024.6. -- ISBN 978-7-5763-4120-1

Ⅰ . TP311.1-49

中国国家版本馆 CIP 数据核字第 2024FP6613 号

责任编辑：江　立　　　　**文案编辑**：江　立
责任校对：周瑞红　　　　**责任印制**：施胜娟

出版发行 / 北京理工大学出版社有限责任公司

社　　址 / 北京市丰台区四合庄路6号

邮　　编 / 100070

电　　话 / （010）68944451（大众售后服务热线）

　　　　　　 （010）68912824（大众售后服务热线）

网　　址 / http://www.bitpress.com.cn

版 印 次 / 2024年6月第1版第1次印刷

印　　刷 / 三河市中晟雅豪印务有限公司

开　　本 / 710 mm×1000 mm　1 / 16

印　　张 / 14

字　　数 / 150千字

定　　价 / 79.80 元

图书出现印装质量问题，请拨打售后服务热线，负责调换

PREFACE 前言

当今这个数字化时代，我们的孩子从出生起就接触着各类电子产品，喜欢玩各种游戏和手机应用程序。如果孩子问起这些游戏和应用程序是怎么做出来的，您会怎么回答呢？大多数家长可能多多少少知道它们是通过各种程序代码实现的。如果您的孩子对于探究这些程序背后的奥秘具有浓厚的兴趣，不妨让他们现在就开始学习编程。有了 Scratch 这个专为孩子研发的图形化编程工具，编程不再艰深和枯燥，而是充满乐趣。孩子不仅能学会编程的技能，还能锻炼和提高思维能力和创造力，为迎接人工智能时代的到来做好准备。

本书是面向 6 ～ 12 岁的孩子精心打造的 Scratch 编程启蒙书。本书所讲内容以 Scratch 3 为软件平台，如果读者下载的是 Scratch 3.××.×× 等不同名称的安装程序，安装后的 Scratch 程序均为 3 版本，即可使用本书学习。

全书共 6 章。第 1 ～ 5 章分门别类地讲解 Scratch 中常用的积木块，并通过穿插"动手练一练"栏目，让孩子在实践中理解并掌握积木块的运用。第 6 章通过剖析 5 个综合性较强的实例，达到融会贯通、学以致用的目的。

　　本书适合作为亲子共读的图书，家长可以和孩子一同编写自己喜欢的小动画、小游戏，在孩子的成长中留下美好的回忆。本书也可作为少儿编程培训机构的教材使用，通过阅读本书，老师们能够深化对 Scratch 编程的理解，做好教案的开发。

　　由于编者水平有限，本书难免有不足之处，恳请广大读者批评指正。读者也可加入 QQ 群 745753320 与我们交流。

编　者

2024 年 5 月

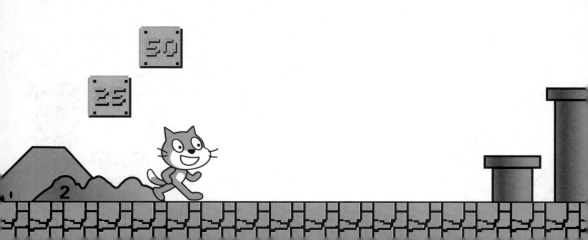

目 录
C O N T E N T S

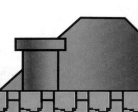

02

角色的操控

03

控制程序的运行

04
编程中的运算

05

拓展与延伸

06

进阶实战

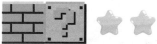

01

Scratch 3
基本操作

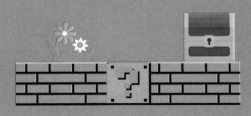

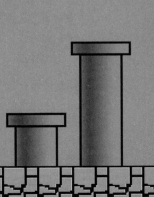

Scratch 3 的安装

01 在计算机中找到下载好的安装文件，双击该文件，然后依照提示安装 Scratch 3。Scratch 3 默认安装在 C 盘。

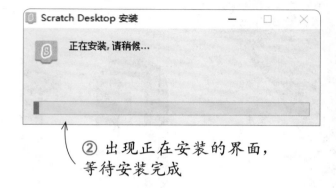

① 双击安装文件，启动安装程序

② 出现正在安装的界面，等待安装完成

02 安装完成后，可以在操作系统的桌面上找到 Scratch Desktop（即 Scratch 3）的快捷方式图标，双击图标即可启动程序，看到程序的初始界面。

① 双击图标即可启动 Scratch

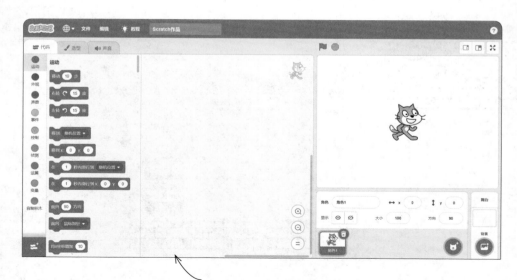

② Scratch 初始界面

认识 Scratch 3 的界面

Scratch 3 的用户界面如下图所示，整个界面主要包含 2 个板块和 5 个区域。其中，2 个板块分别是菜单栏和标签栏，5 个区域从左往右依次为积木区、脚本区、舞台、角色列表、舞台列表。下面分别介绍各个板块和区域的功能与基本使用方法。

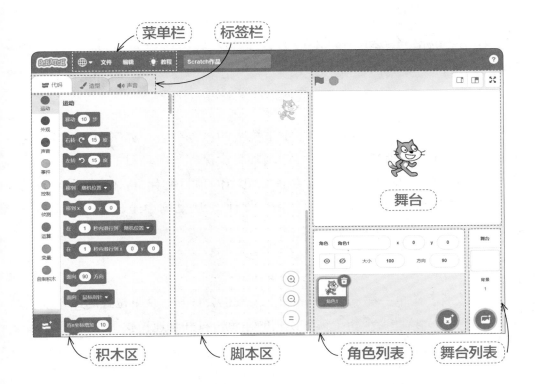

菜单栏

与大多数图形界面应用程序一样，Scratch 3 也有一个菜单栏，它位于界面的顶部，如下图所示。

菜单栏中的图标和菜单提供了一些创作 Scratch 作品时必备的命令，包括创建和保存项目、把项目下载到计算机中、上传计算机中保存的项目等。下面对菜单栏中的图标和菜单进行详细介绍。

❄ SCRATCH 图标

单击 Scratch 图标，将会跳转到 Scratch 官网首页。

❄ 🌐 图标

单击🌐图标，会显示一个语言列表，供用户选择 Scratch 的界面语言，本书选择"简体中文"，如下左图所示。

❄ "文件"菜单

单击"文件"菜单，会打开一个下拉式的命令列表，如下中图所示，通过这些命令可以创建新项目、保存当前项目、保存当前项目的一个副本、上传计算机中保存的项目等。保存在计算机中的项目文件（*.sb3）是无法在文件夹中直接双击打开的，必须使用"文件 > 从电脑中上传"菜单命令来打开。

❄ "编辑"菜单

与"文件"菜单一样，单击"编辑"菜单也会打开一个下拉式的命令列表，如下右图所示，这些命令用于恢复误删的角色、打开加速模式（在该模式下，程序的运行速度会变快）。

❶ "教程"菜单

单击"教程"菜单,会进入"选择一个教程"界面,如下图所示。这个界面中列出了丰富的教学视频,我们可以通过观看这些视频来学习 Scratch 的编程方法。

标签栏

标签栏中显示了 3 个选项卡标签,单击某个标签即可切换到对应的选项卡下执行操作。标签栏的内容并不是固定不变的。当选中舞台上的某个角色时,标签栏中将显示"代码""造型""声音"3 个标签,如下左图所示;当选中舞台背景时,标签栏中将显示"代码""背景""声音"3 个标签,如下右图所示。下面对这些标签及其对应的选项卡进行详细介绍。

❶ "代码"标签

"代码"标签是选中角色或舞台背景时都会出现的。单击"代码"标签,会展开"代码"选项卡。"代码"选项卡是编写脚本的区域,其左边为积木区,右边为脚本区。当选中一个角色时，在积木区会显示"运动"模块下的积木块，如下左图所示；当选中舞台背景时，在积木区不会显示"运动"模块下的积木块，如下右图所示。

 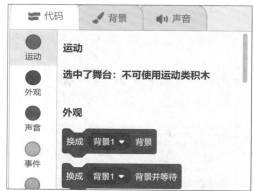

● "造型"标签

只有选中某个角色时，才会在标签栏显示"造型"标签。单击"造型"标签，会展开"造型"选项卡，如下图所示。"造型"选项卡主要用于角色造型的编辑与绘制。我们既可以选择或上传角色造型，也可以使用绘图工具栏中的工具来绘制角色造型。在造型列表中用鼠标单击选择不同的造型，造型编辑器和舞台上的角色造型也会随之发生变化。

① 造型列表，用于选择角色造型

② 选择造型列表，提供多种添加角色造型的方式

③ 造型编辑器，用于编辑选中的角色造型

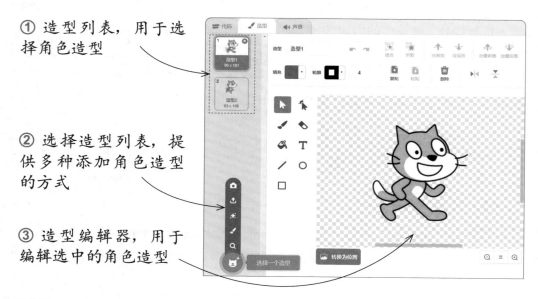

● "声音"标签

　　"声音"标签也是选中角色或舞台背景时都会出现的，单击"声音"标签展开的选项卡如下图所示，在其中可以为角色或舞台背景添加或编辑音效。

① 声音列表，显示为当前角色或舞台背景添加的音效

③ 声音编辑器，可以调整音效，让音效更具特色

② 选择声音列表，提供多种添加音效的方式

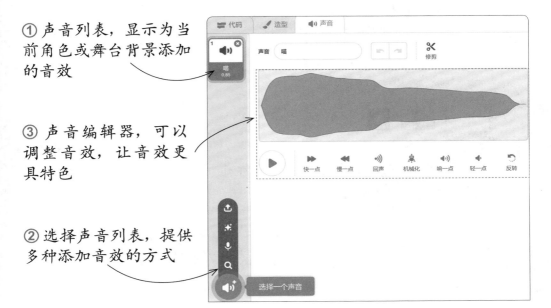

　　自带声音库和外部音效是现成的声音素材，可以直接添加和使用。如果在自带声音库和外部音效中都找不到合适的音效，还可以自己录制音效。首先在计算机上连接麦克风，再将鼠标指针移动到"选择一个声音"按钮上，在展开的列表中单击"录制"按钮，如下左图所示。在弹出的"录制声音"界面中单击"录制"按钮，如下右图所示，即可开始录制音效。

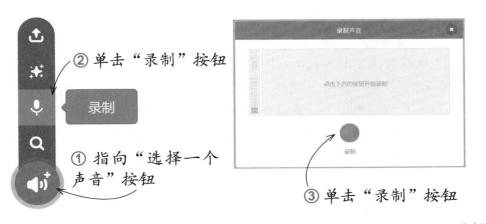

② 单击"录制"按钮

① 指向"选择一个声音"按钮

③ 单击"录制"按钮

 **"背景"标签**

只有选中舞台背景时才会出现"背景"标签。单击"背景"标签展开的"背景"选项卡与"造型"选项卡比较相似，不同的是，"背景"选项卡用于舞台背景的添加与编辑，所以选项卡左下角的按钮为"选择一个背景"按钮，而不是"选择一个造型"按钮，如下图所示。

积木区

积木区按模块显示 Scratch 中所有的积木块。Scratch 中的积木块按功能分为"运动""外观""声音""事件""控制""侦测""运算""变量""自制积木"9 个模块，每个模块都用不同的颜色标记，如下左图所示。在积木区左侧单击某个模块，右侧就会显示该模块下的积木块，如下右图所示，可以看到积木块的颜色与模块的颜色相同，便于用户快速找到积木块。

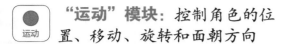

"运动"模块：控制角色的位置、移动、旋转和面朝方向

"外观"模块：控制角色的话语、造型、大小、显隐及特效

"声音"模块：控制角色的音效、音调及音量

"事件"模块：控制脚本的触发及进程

"控制"模块：控制脚本的运行方式（条件、循环）、脚本的停止及角色的克隆

"侦测"模块：判断角色状态和条件是否成立

"运算"模块：完成数学运算、逻辑运算及字符串的处理

"变量"模块：创建、赋值新的变量，以及控制变量的显隐

"自制积木"模块：按照自己需要的功能创建和定义积木块

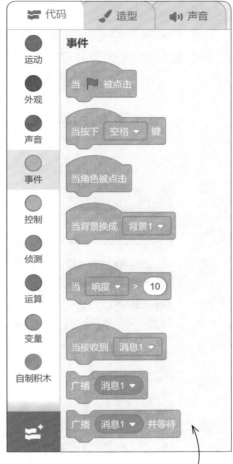

在左侧单击"事件"模块（黄色），在右侧会自动跳转显示该模块下的积木块（同样为黄色）

脚本区

脚本区就是编写程序的地方。在 Scratch 中编程，其实就是在这个区域中将积木块组合起来，形成一个个积木组。下面来学习如何在脚本区中操作积木块吧。

● 积木块的添加

选中要编写脚本的角色或舞台背景，然后在积木区左侧单击某个模块，在右侧使用鼠标单击并拖动一个积木块到脚本区，然后松开鼠标，如下图所示。

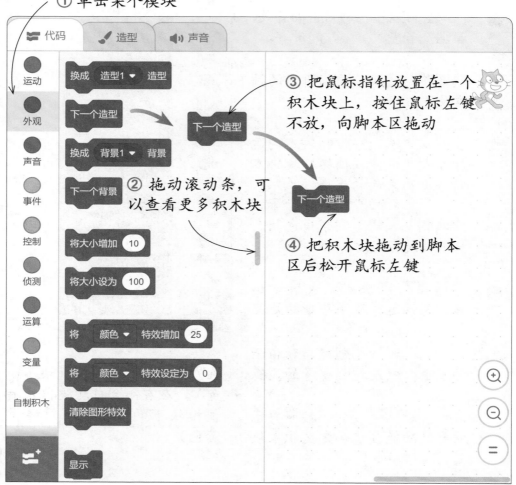

● 积木块的删除

如果不小心把不需要的积木块添加到了脚本区，应该怎么办呢？不要着急，下面就来介绍删除积木块的方法。

方法 1 在脚本区右键单击需要删除的积木块，在弹出的快捷菜单中单击
"删除"命令，如下左图所示，该积木块就从脚本区消失了，如下右图所示。

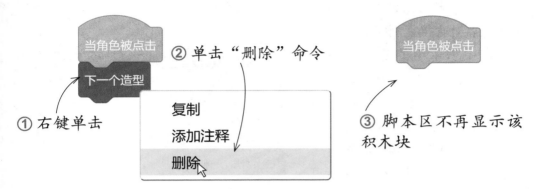

方法 2 将脚本区要删除的积木块拖动到积木区任意处，然后松开鼠标，
即可将该积木块从脚本区中删除，如下图所示。

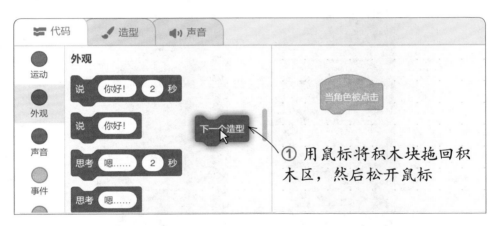

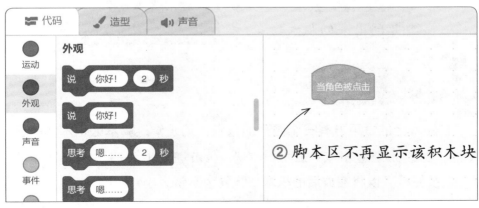

◐ 积木组和积木块的复制

在 Scratch 中编程时，通常会用到较多的积木组。当需要添加多个同样的积木组时，若每次都逐个添加积木块并进行组合，会非常耗费时间，最简便的方式就是直接复制积木组。

选中积木组的第一个积木块，单击鼠标右键，在弹出的快捷菜单中单击"复制"命令，如右图所示，此时鼠标指针旁会显示一个相同的积木组，在脚本区单击即可复制该积木组，如下图所示。用类似的方法还可以复制单个积木块。

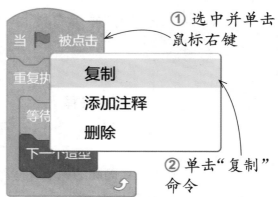

① 选中并单击鼠标右键

② 单击"复制"命令

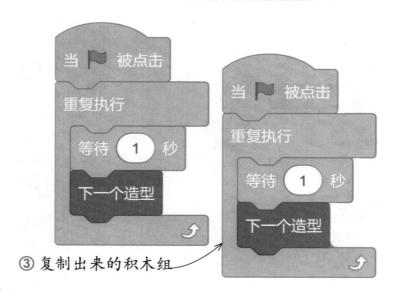

③ 复制出来的积木组

小提示

在脚本区的右下方有三个圆形的按钮，用于修改脚本区积木块的显示大小。单击◎按钮，将放大显示积木块；单击◎按钮，将缩小显示积木块；单击◎按钮，可以将缩放后的积木块恢复为默认大小。

舞台

舞台是展示程序运行效果的场所。创建新作品时，会有一个默认的舞台背景（纯白色）和一个默认的"角色1"（小猫）。整个舞台处在一个长 480 步、宽 360 步（每 1 个单位就是 1 步）的坐标系下，中心点坐标为（0，0），如下图所示。

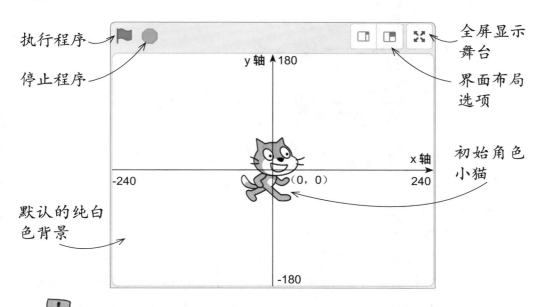

执行程序

停止程序

全屏显示舞台

界面布局选项

y轴 180

x轴

-240

(0, 0)

240

初始角色小猫

默认的纯白色背景

-180

小提示

在编写和运行程序时，可以根据需要单击舞台右上角的按钮，调整舞台的大小。单击 按钮，舞台及其下方的角色列表、舞台列表变小，脚本区则相应扩大，为编程提供了更大的操作空间；单击 按钮，可以将舞台大小恢复为初始状态；单击 按钮，可将舞台全屏显示，让舞台占据大部分屏幕空间，从而更专注地体验程序的运行效果。

角色列表

角色列表位于舞台的下方，显示了当前项目中的所有角色。选中的角色四周会用蓝色突出显示，同时在上方可以查看选中角色的名称、位置、大小、方向及显示状态等参数，如下图所示。可以在相应参数右侧的文本框中更改文本或数值，调整角色的名称、位置、大小、方向等参数。

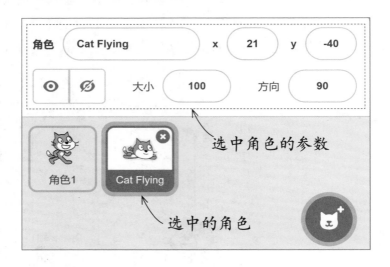

选中角色的参数

选中的角色

⭐ 添加角色库中的角色

在角色列表中，默认只添加了一个小猫角色，而在 Scratch 的角色库中还有其他角色，我们可以在角色库中选择需要的角色，将其添加到角色列表中。

将鼠标指针移动到角色列表右下角的"选择一个角色"按钮上，在展开的列表中单击"选择一个角色"按钮，如下图一所示，打开如下图二所示的角色库，单击需要的角色，即可将其添加到角色列表。

①单击"选择一个角色"按钮

②选择需要的角色

⭐ 上传自定义角色

　　如果在角色库中没有找到满意的角色，还可以上传自定义角色，也就是将我们自己准备的素材图片（*.svg、*.png、*.jpg、*.gif）上传到 Scratch 中作为角色来使用。

　　将鼠标指针移动到角色列表右下角的"选择一个角色"按钮上，在展开的列表中单击"上传角色"按钮，如右图所示，在弹出的"打开"对话框中选择自定义的角色素材，再单击"打开"按钮，如下图所示。该素材随后就会出现在角色列表中。

①单击"上传角色"按钮

小提示

　　如果程序还没编写完就需要去做其他事，可以执行"文件 > 保存到电脑"菜单命令，将程序保存为 *.sb3 文件。想要继续编写或修改程序时，打开 Scratch 后，执行"文件 > 从电脑中上传"菜单命令，选择之前保存的 *.sb3 文件并打开即可。

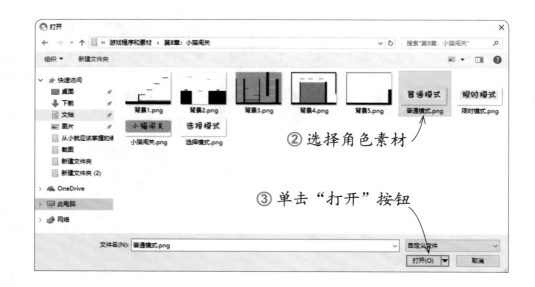

② 选择角色素材

③ 单击"打开"按钮

舞台列表

　　舞台列表位于角色列表右侧，包含当前舞台背景的缩略图和背景选择按钮，如右图所示。在 Scratch 中，向舞台列表添加舞台背景的方法与向角色列表添加角色的方法类似，这里不再详细介绍。

当前舞台背景的缩略图

"选择一个背景"按钮

程序的触发机制

　　在 Scratch 中，所有脚本的运行都需要通过某种方式来触发。这个触发方式可以是人为的操作，也可以是舞台背景的切换、外界声音的变化、时间的变化等。下面就来详细介绍常用的脚本触发方式。

通过单击▶按钮触发

　　人为操作触发是指通过某些人为操作给 Scratch 传递信号，以触发脚本的运行，其中最具代表性的就是单击▶按钮。

　　▶按钮是 Scratch 中最常用的按钮之一，它位于舞台的左上方，如右上图所示。Scratch 中的大部分脚本都是通过单击▶按钮来触发的，这也是 Scratch 中最基本的脚本触发方式。要调用此触发方式，需为角色添加"事件"模块下的"当▶被点击"积木块，如右下图所示。

位于舞台左上方的▶按钮

当 ▶ 被点击

小提示

按住 Shift 键单击▶按钮，可快速打开加速模式，如右图所示。

通过键盘按键触发

通过按键盘中的按键来触发脚本也是一种常用的人为触发方式。为角色添加"事件"模块下的"当按下（空格）键"积木块，然后单击"空格"右侧的下拉按钮，在展开的列表中选择触发的按键选项，如下图所示，就可以通过按指定的按键来触发脚本的运行。

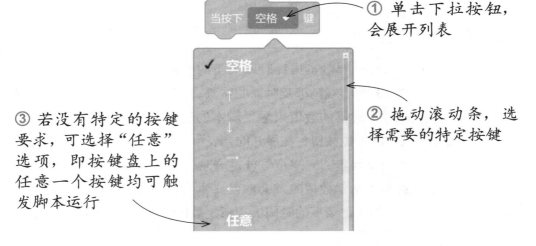

① 单击下拉按钮，会展开列表

② 拖动滚动条，选择需要的特定按键

③ 若没有特定的按键要求，可选择"任意"选项，即按键盘上的任意一个按键均可触发脚本运行

通过单击角色触发

在用 Scratch 制作游戏时，经常会需要单击某个角色以执行指定的操作，这也是人为触发脚本运行的一种方式。所使用的积木块是"当角色被点击"积木块，如右图所示。

通过背景切换触发

当项目中有多个舞台背景时，可以指定在切换为某个背景时触发脚本的运行。需要注意的是，通过背景切换触发需要与其他脚本配合，在"背景"选项卡下的背景列表中手动切换背景是不会触发脚本的。

为角色添加"事件"模块下的"当背景换成（背景 1）"积木块，单击"背景 1"右侧的下拉按钮，在展开的列表中选择用于触发脚本运行的背景，如下图所示。

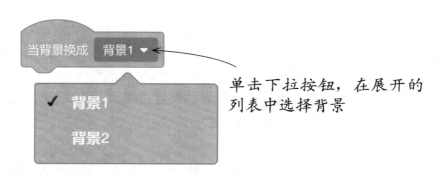

单击下拉按钮，在展开的列表中选择背景

通过声音或时间触发

相信大家一定都玩过唱歌类或计时闯关类的游戏，其中唱歌类游戏涉及音量的监测，计时闯关类游戏则涉及时间的监测。在 Scratch 中，同样可以通过监测音量的大小或计时器的数值来触发脚本的运行，对应的积木块如下图所示。单击积木块中的下拉按钮，在展开的列表中可以看到它提供了"响度"和"计时器"两种触发因素。"响度"就是音量，当计算机上连接的麦克风接收到的声音音量大于指定数值时就会触发脚本运行。"计时器"可以看成是一个秒表，当这个秒表记录下的时间大于指定数值时就会触发脚本运行。

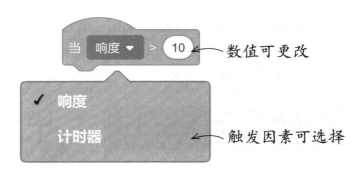

如果需要实时获取"响度"的值，可使用"侦测"模块下的"响度"积木块，如下左图所示；如果需要实时获取"计时器"中记录的时间，可使用"侦测"模块下的"计时器"积木块，如下右图所示。

消息的传递

在 Scratch 中，消息是一个非常重要的功能。无论是角色还是舞台背景，都可以使用消息来传递信息，将不同的脚本串联起来。

广播消息

广播消息通常是作为控制程序出现的，通过创建并广播一系列的消息可以把控程序运行的走向。广播消息的积木块有"广播（）"（见下左图）和"广播（）并等待"（见下右图）。

单击下拉按钮，在展开的列表
中可以选择消息和创建新消息

与"广播（）"积木块的区别在于，
这个积木块在广播了消息之后会有
一个等待其他脚本执行完毕的过程

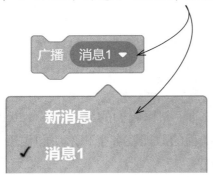

消息的内容可以根据需要自行创建。单击"消息1"右侧的下拉按钮，在展开的列表中选择"新消息"选项，在弹出的"新消息"对话框中输入新消息的名称，最后单击右下角的"确定"按钮，即可创建新消息，如下图所示。

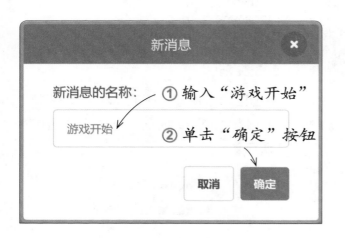

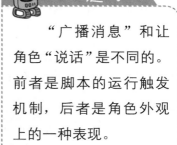

小提示

"广播消息"和让角色"说话"是不同的。前者是脚本的运行触发机制，后者是角色外观上的一种表现。

接收消息

既然有广播消息，那也就需要有接收消息来进行配合。广播消息是将消息传播出去，接收消息是将消息接收进来，这一出一进，就形成了脚本之间的串联机制。对应的积木块如下图所示。

动手创作我们的第一个 Scratch 程序吧

对 Scratch 有了一定的了解后，下面就来动手创作我们的第一个 Scratch 程序吧。在创作的过程中，大家不必急于理解编程的原理及各个积木块的作用，而要将重点放在熟悉编程的操作方法和流程上。

素材文件 实例文件 \ 01 \ 素材 \ 草原.png

程序文件 实例文件 \ 01 \ 源文件 \ 我们的第一个 Scratch 程序.sb3

01 创建一个新的 Scratch 项目，并添加自定义的"草原"背景。

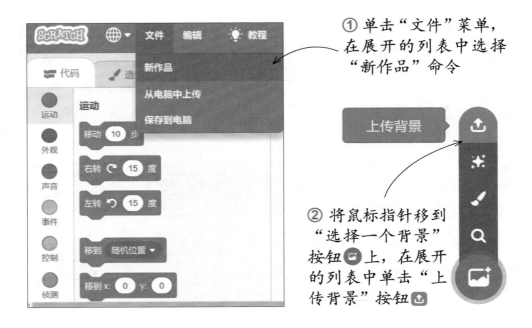

① 单击"文件"菜单，在展开的列表中选择"新作品"命令

② 将鼠标指针移到"选择一个背景"按钮 上，在展开的列表中单击"上传背景"按钮

③ 选择"草原"背景

④ 单击"打开"按钮，上传背景

02 删除初始角色，并添加新角色。

② 单击"选择一个角色"按钮

① 选中角色，单击 ✕ 按钮

③ 单击"动物"分类

④ 选择"Unicorn Running"角色

03 重命名角色，调整角色的位置和大小，以与背景相匹配。

输入角色名"独角兽"，并设置坐标及大小参数

04 为"独角兽"角色添加"当▶被点击"积木块，指定触发脚本运行的条件。

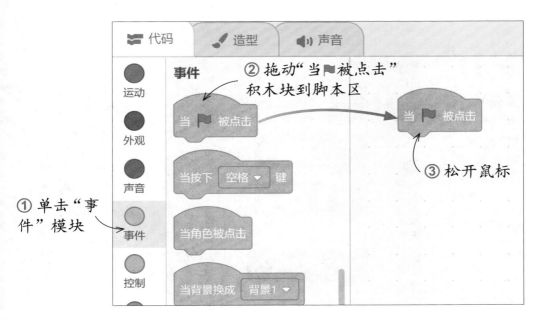

05 添加"控制"模块下的"重复执行"积木块，指定"独角兽"角色运动的方式。

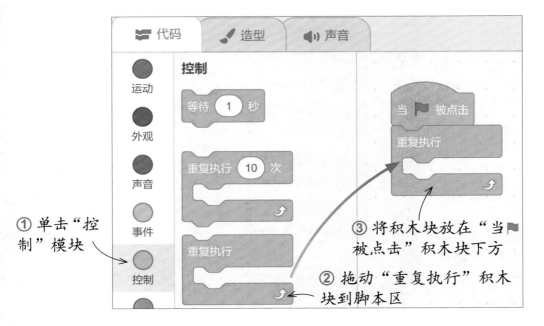

06 添加"移动（）步"积木块，设置"独角兽"角色每次移动的距离。

① 单击"运动"模块

② 拖动"移动（）步"积木块到脚本区

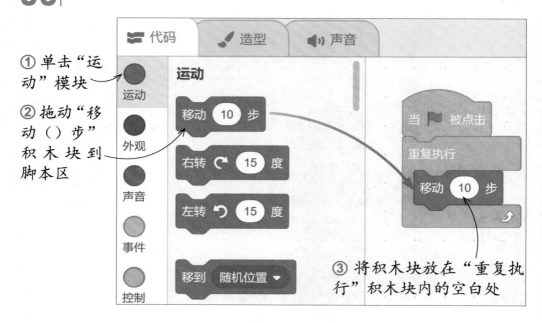

③ 将积木块放在"重复执行"积木块内的空白处

07 添加"碰到边缘就反弹"积木块，让"独角兽"角色触壁反弹，实现在舞台上左右来回移动的效果。

① 继续在"运动"模块下选择积木块

② 拖动"碰到边缘就反弹"积木块到脚本区

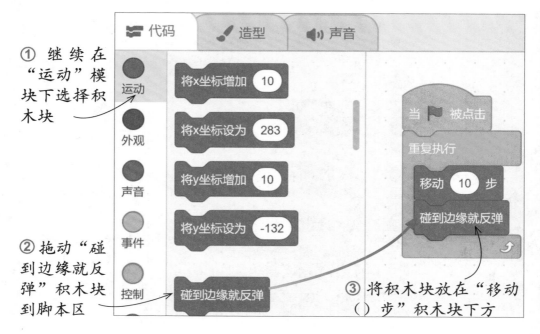

③ 将积木块放在"移动（）步"积木块下方

08 单击舞台左上角的 ▶ 按钮，运行当前脚本，发现"独角兽"角色在碰到
舞台边缘反弹后翻转的方式不太对。

09 添加"将旋转方式设为（左右翻转）"积木块，使"独角兽"角色保持
正向的角度在舞台上来回移动。

① 继续在"运动"模块下选择积木块

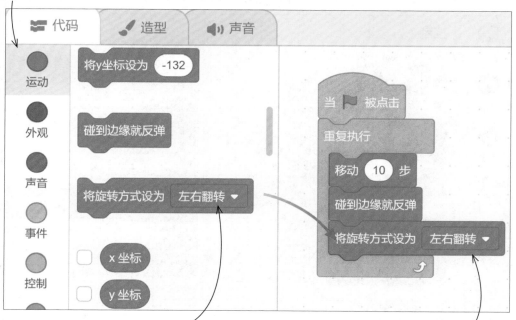

② 拖动"将旋转方式设为（左右
翻转）"积木块到脚本区

③ 将积木块放在"碰到边缘就
反弹"积木块下方

10 单击 ▶ 按钮，运行当前脚本，可以看到"独角兽"角色在碰到舞台边缘反弹后进行了左右翻转，方向变为正向显示了。

11 添加"等待（）秒"积木块，让"独角兽"角色在切换造型前先等待一段时间。

① 单击"控制"模块　　② 拖动"等待（）秒"积木块到脚本区

控制
运动
外观
声音
事件
控制

等待 1 秒

重复执行 10 次

重复执行

当 ▶ 被点击

重复执行

移动 10 步

碰到边缘就反弹

将旋转方式设为 左右翻转 ▼

等待 0.3 秒

③ 将积木块放在"将旋转方式设为（左右翻转）"积木块下方，更改框中数值为 0.3

12 添加"下一个造型"积木块，让"独角兽"角色在移动时变换造型。

① 单击"外观"模块　② 拖动"下一个造型"积木块到脚本区

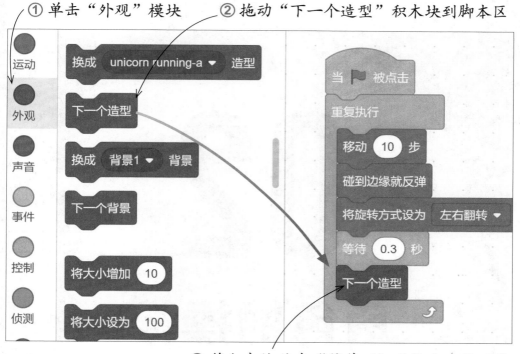

③ 将积木块放在"等待（）秒"积木块下方

13 单击 ▶ 按钮运行脚本，可以看到"独角兽"角色在舞台上连续而流畅地左右来回奔驰。到这里，这个实例就制作完成了。

单击 ▶ 按钮

02

角色的操控

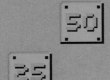

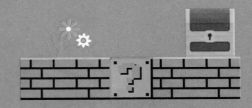

"运动"模块：让角色更生动

在 Scratch 中，要想让舞台上的角色动起来，需要使用"运动"模块中的积木块，改变角色的位置和方向，也就是让角色移动和旋转起来。下面分别介绍角色的几种运动方式。

角色的绝对移动

在上一章中提到了，舞台处在一个长 480 步、宽 360 步（每 1 个单位就是 1 步）的坐标系下，舞台上所有的位置都有一个对应的坐标。以初始角色小猫为例，创建新项目后，小猫位于舞台的正中央，此时坐标为（0，0），然后用鼠标将小猫拖动到舞台的其他位置，如下图所示，在角色列表的"x"和"y"框中可观察到坐标值的变化。角色的绝对移动就是通过指定 x 坐标值和 y 坐标值来完成的。下面分别介绍"运动"模块中绝对移动的相关积木块。

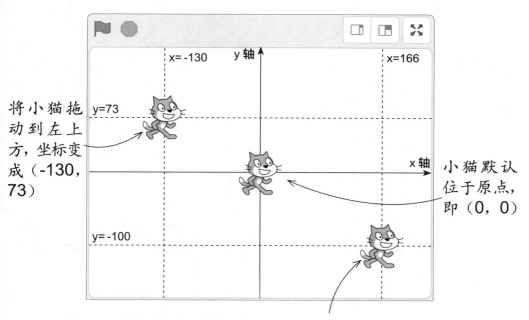

将小猫拖动到左上方，坐标变成（-130，73）

小猫默认位于原点，即（0，0）

将小猫拖动到右下方，坐标变成（166，-100）

类型1 分别设置角色的 x 坐标值和 y 坐标值。有两个积木块能实现这一效果。为位于原点的小猫添加"将 x 坐标设为（100）"积木块，可以看到小猫的坐标变为（100，0），如下左图所示。让小猫回到原点，删除"将 x 坐标设为（100）"积木块，再添加"将 y 坐标设为（100）"积木块，可以看到小猫的坐标变为（0，100），如下右图所示。

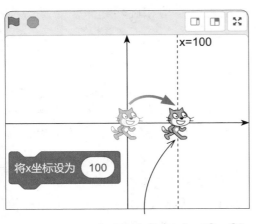

小猫的坐标由（0，0）
变为（100，0）

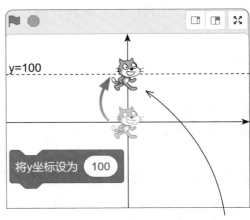

小猫的坐标由（0，0）
变为（0，100）

类型2 同时设置角色的 x 坐标值和 y 坐标值。为小猫添加"移到 x：（-100）y：（-100）"积木块后，小猫的位置瞬间发生了变化，如下左图所示。为小猫添加"在（1）秒内滑行到 x：（-100）y：（-100）"积木块后，小猫的位置同样会发生变化，与前一积木块的区别在于，这是一个人眼可见的动态过程，如下右图所示。通过修改秒数，可以控制滑行过程的持续时间。

瞬间移动

小猫在 1 秒内滑行到设定的位置上

类型3 在舞台上显示角色的 x 坐标值和 y 坐标值。除了让角色移动以外，还可以实时显示角色的 x、y 坐标值。在"运动"模块中勾选"x 坐标"和"y 坐标"积木块前面的复选框，如下左图所示，就能在舞台中实时显示角色的 x 坐标和 y 坐标值，如下右图所示。

① 勾选积木块前面的复选框

② 角色的实时坐标值会显示在舞台上

小提示

　　如果要将角色移动到舞台中的随机位置，可以使用"移到（随机位置）"积木块或"在（1）秒内滑行到（随机位置）"积木块。前者实现的移动过程是瞬间完成的，如下左图所示；后者实现的则是人眼可见的动态过程，如下右图所示。此外，"随机位置"还可以更改为"鼠标指针"或其他角色，即让当前角色移动到鼠标指针或其他角色所在的位置。

小猫瞬间移动到舞台上的一个随机位置

小猫在指定时间内滑行到舞台上的一个随机位置

 角色的相对移动

角色的相对移动是指以角色原来的位置为起点，通过指定移动的步数来实现角色的移动。下面分别介绍相关的积木块。

类型1 **直接设置移动步数。**这种方式是指让角色从原来的位置向着面朝方向移动指定的步数。为小猫添加"移动（100）步"积木块，由于小猫默认面朝右方，所以小猫从原来的位置向右移动了100步，如下左图所示。

类型2 **设置相对坐标。**这种方式是指通过分别增加 x、y 坐标值让角色移动到某个位置上。为小猫添加"将 x 坐标增加（100）"和"将 y 坐标增加（100）"积木块后，小猫从原来的位置分别向 x 轴和 y 轴的正值方向移动了100步，如下右图所示。

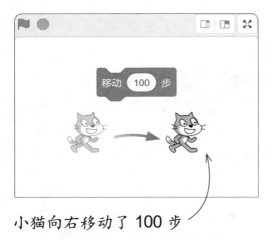

小猫向右移动了 100 步

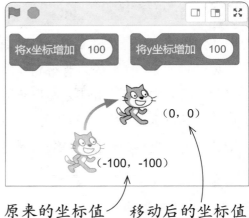

原来的坐标值　移动后的坐标值

 角色的方向

在"运动"模块中，涉及角色方向变化的积木块有"面向（90）方向"和"面向（鼠标指针）"。这两个积木块都可以直接让角色的方向发生变化。

角色的方向指的是角色的面朝方向。以初始角色小猫为例，在创建新项目后，小猫的面朝方向默认为右方，对应的角度为90°，如下左图所示。"运动"模块中的"面向（90）方向"积木块就代表了角色的面朝方向，可以通过更改积木块框中的数值或在弹出的圆盘中拖动指针来控制角色的面朝方向，如下右图所示。

初始状态下小猫为"面向90方向"　　角色的面朝方向可在圆盘中调整

　　将"面向（90）方向"积木块中的数值更改为135，如下左图所示，更改后小猫的面朝方向发生了变化，如下右图所示。

将圆盘的指针拨到135　　　　　小猫的面朝方向发生变化

　　若为小猫添加"面向（鼠标指针）"积木块，如下左图所示，则在舞台中，小猫的面朝方向会随着鼠标指针的移动而变换，如下右图所示。

小猫会始终面向鼠标指针所在的位置

033

角色的旋转

生活中，我们会经常看到风车 ✿、齿轮 ✿等能够旋转的物品。旋转也是角色运动的一种方式，通常是角色绕着某一个点或某一根轴旋转。在 Scratch 中，角色旋转的方式有两种：一种是绕中心点旋转，另一种是镜像翻转。下面分别进行讲解。

类型1 绕中心点旋转。为小猫添加"右转（15）度"积木块，并且修改框中的数值为 45，单击积木块后，小猫绕中心点向右（顺时针）旋转了 45°，如下左图所示；然后让小猫恢复原状，再为其添加"左转（15）度"积木块，并且修改框中的数值为 45，单击积木块后，小猫绕中心点向左（逆时针）旋转了 45°，如下右图所示。

小猫绕中心点向右旋转了 45°   小猫绕中心点向左旋转了 45°

类型2 镜像翻转。当角色运动到舞台边缘时，若要让角色"回头"，就要用到"碰到边缘就反弹"积木块，这里的"反弹"用到的旋转方式便是镜像翻转。镜像翻转也有两种情况：一种是正向镜像翻转，另一种是反向镜像翻转。在 Scratch 中，正向镜像翻转被称为"左右翻转"，而反向镜像翻转被称为"任意旋转"，现在来看看效果，如下图所示。

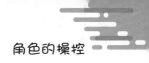

小猫以舞台边缘为翻转轴，进行正向镜像翻转

小猫进行正向镜像翻转的同时将自己反向

还有一种旋转方式是"不可旋转"，可让角色在运动过程中始终面朝 90°方向。

动手练一练：孙悟空翻筋斗

本实例要制作一个"孙悟空翻筋斗"的动画。先添加自定义的角色，再利用"运动"模块中的"右转（）度"和"面向（）"等积木块，让角色一边旋转，一边向目标位置移动。

素材文件 实例文件\02\素材\蔚蓝天空.png、孙悟空.png、筋斗云.png

程序文件 实例文件\02\源文件\孙悟空翻筋斗.sb3

01 创建一个新的 Scratch 项目，并上传自定义的"蔚蓝天空"背景。

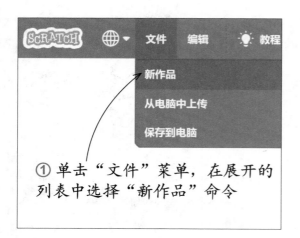

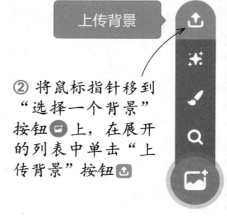

② 将鼠标指针移到
"选择一个背景"
按钮 🖼 上，在展开
的列表中单击"上
传背景"按钮 🔼

① 单击"文件"菜单，在展开的
列表中选择"新作品"命令

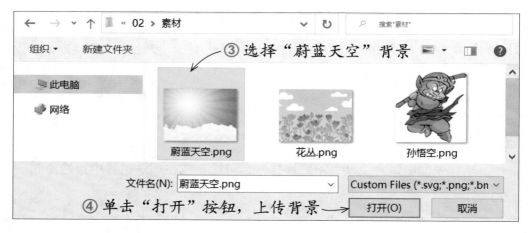

③ 选择"蔚蓝天空"背景

④ 单击"打开"按钮，上传背景

02 删除初始角色，上传自定义的"孙悟空"和"筋斗云"角色。

③ 单击"上传角色"
按钮 🔼

② 指向"选择一个
角色"按钮 🐱

① 选中角色，单击 ❌ 按钮

④ 选择"筋斗云"和"孙悟空"素材

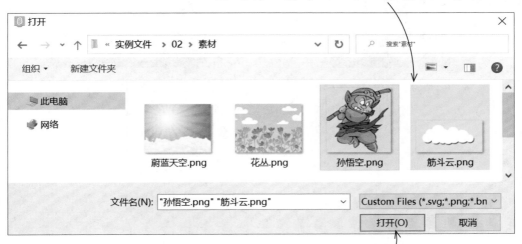

⑤ 单击"打开"按钮，上传角色

03 | 分别调整"孙悟空"和"筋斗云"角色的位置和大小，使其与舞台背景相匹配。

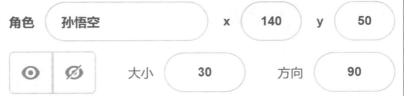

04 | 选中"孙悟空"角色，为其编写脚本。当单击 ▶ 按钮时，将"孙悟空"角色移动到舞台左下角。

① 添加"当 ▶ 被点击"积木块，作为脚本运行的起点

② 添加"运动"模块下的"移到 x:（）y:（）"积木块

③ 将两个框中的数值分别更改为 -180 和 -110，将角色移动到舞台左下角

05 将"孙悟空"角色改为面向"筋斗云"角色方向。

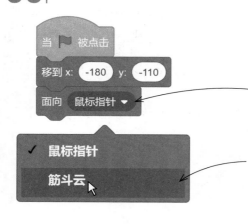

① 添加"运动"模块下的"面向（鼠标指针）"积木块

② 单击下拉按钮，在展开的列表中选择"筋斗云"选项

06 让"孙悟空"角色重复执行旋转动作。

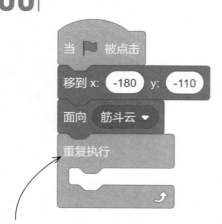

① 添加"控制"模块下的"重复执行"积木块

② 添加"运动"模块下的"右转（）度"积木块，将框中的数值更改为 10

07 为"孙悟空"角色设置每次水平和垂直移动的距离。

① 添加"运动"模块下的"将 x 坐标增加（）"积木块，将框中的数值更改为 5

② 添加"运动"模块下的"将 y 坐标增加（）"积木块，将框中的数值更改为 2.5

08 单击▶按钮，运行当前脚本，会发现"孙悟空"角色虽然可以在舞台上翻转，但是没有停留在"筋斗云"角色的上方。

单击▶按钮

09 应用条件语句，判断"孙悟空"角色是否已移动到"筋斗云"角色的上方。

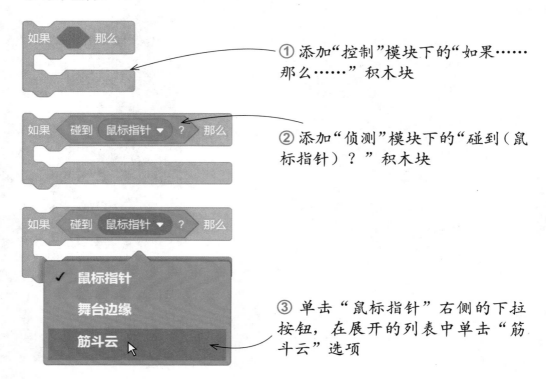

① 添加"控制"模块下的"如果……那么……"积木块

② 添加"侦测"模块下的"碰到（鼠标指针）？"积木块

③ 单击"鼠标指针"右侧的下拉按钮，在展开的列表中单击"筋斗云"选项

10 添加"运动"模块下的积木块，让"孙悟空"角色在指定的时间内滑行到"筋斗云"角色的上方。

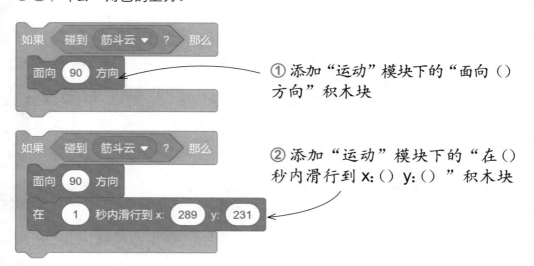

① 添加"运动"模块下的"面向（）方向"积木块

② 添加"运动"模块下的"在（）秒内滑行到 x:（）y:（）"积木块

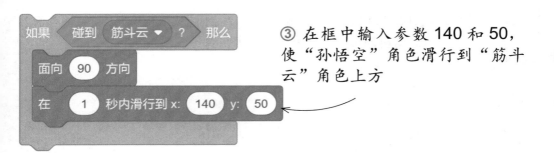

③ 在框中输入参数 140 和 50，使"孙悟空"角色滑行到"筋斗云"角色上方

11 当"孙悟空"角色滑行到"筋斗云"角色上方时，整个动画就结束了，此时还需要停止整个脚本的运行。

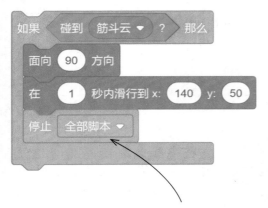

添加"控制"模块下的"停止（全部脚本）"积木块

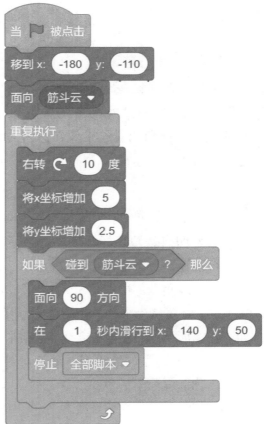

"孙悟空"角色的完整脚本

12 单击▶按钮运行脚本，可以看到，当"孙悟空"角色翻转到"筋斗云"角色上方时会自动停留在上面。到这里，这个实例就制作完成了。

单击▶按钮

"外观"模块：让角色更形象

要让角色在舞台上更形象，就需要让角色产生更多变化，此时就要用到"外观"模块。"外观"模块的功能主要有5个方面：切换角色的造型；改变角色的大小；让角色看起来像在思考或说话；为角色的外观添加特效；调整角色在舞台上的显示层次。

造型的切换

造型切换是角色能够生动地展示在舞台上的秘诀之一。通过不断切换造型，可以让角色呈现动态效果。

下面以角色库中的"Shark 2"（鲨鱼）为例，来看看角色的造型是如何切换的。将角色库中的"Shark 2"角色添加到角色列表，再单击"造型"标签，如下左图所示，切换至"造型"选项卡，在左侧的造型列表中可以看到"Shark 2"角色所有造型的缩略图，如下右图所示。

单击"造型"标签

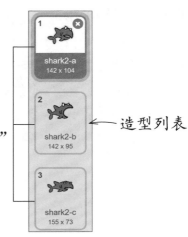

造型列表

该角色有 3 个造型，每个造型有一个名称，
分别为"shark2-a""shark2-b""shark2-c"

使用"下一个造型"积木块，鲨鱼角色会切换为造型列表中当前造型之
后的一个造型，如下图一所示；使用"换成（shark2-c）造型"积木块，鲨
鱼角色会直接切换为指定的"shark2-c"造型，如下图二所示。

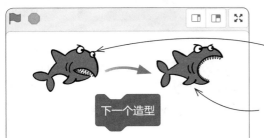

添加角色之后，鲨鱼默认以
"shark2-a"的造型呈现在舞
台上
鲨鱼角色的造型切换为"shark2-b"

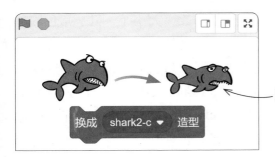

鲨鱼角色的造型切换为"shark2-c"

大小的变化

在 Scratch 中，除了在角色列表中修改角色的大小，还可以利用"将大小
增加（）"积木块或"将大小设为（）"积木块修改角色的大小。"将大小

增加（）"积木块可将角色大小在原来大小的基础上增减指定的数值，"将大小设为（）"积木块则可将角色大小直接变为指定的数值。下面以初始角色小猫为例，来看看这两个积木块实现的效果。

添加积木块之前，小猫的大小为100%。使用"将大小增加（50）"积木块后，小猫的大小会从100%变为150%（100%+50%=150%），如下左图所示；使用"将大小设为（50）"积木块后，小猫的大小会从100%变为50%，如下右图所示。

小猫初始大小为100% 　将大小增加50后，小猫的大小为150%　小猫初始大小为100%　将大小设为50后，小猫的大小为50%

思考和说话

现在角色已经能够在舞台上自由地切换造型和改变大小了，但是角色的外观操控不只是切换造型和改变大小，我们还可以让它看起来像在思考和说话，这样会让角色显得更有生机。下面还是用小猫来展示角色思考和说话的效果。

"思考（）"积木块和"思考（）（）秒"积木块可以让角色以浮云框的形式显示指定的思考内容，"思考（）（）秒"积木块还会对浮云框的显示时间进行限制。为小猫添加"思考（嗯……）"积木块，单击积木块之后，小猫的右上角会出现一个浮云框，浮云框中显示的"嗯……"就是小猫思考的内容，如下左图所示；重新给小猫添加"思考（嗯……）（2）秒"积木块，单击积木块之后，小猫的右上角也会出现一个浮云框，如下右图所示，但是浮云框显示2秒之后便会消失。

浮云框中会显示思考的内容

在积木块的框中可以输入思考的内容

思考的时间可以修改

"说（）"积木块和"说（）（）秒"积木块可让角色以气泡框的形式显示指定的说话内容，"说（）（）秒"积木块还会对气泡框的显示时间进行限制。为小猫添加"说（你好！）"积木块，单击积木块之后，小猫的右上角会出现一个气泡框，气泡框中显示的"你好！"就是小猫说话的内容，如下左图所示；重新给小猫添加"说（你好！）（2）秒"积木块，单击积木块之后，小猫的右上角也会出现一个气泡框，如下右图所示，但是气泡框显示 2 秒之后便会消失。

在积木块的框中可以输入说话的内容

说话的时间可以修改

角色的特效

角色的特效是指给角色的外观添加一些特殊的修饰，如下图所示。

清除图形特效

去掉为角色添加的所有特效，恢复角色的初始外观

将 颜色 ▼ 特效设定为 20

"颜色"特效：修改角色的颜色

将 鱼眼 ▼ 特效设定为 50

"鱼眼"特效：模拟透过广角镜头观看角色的效果

将 漩涡 ▼ 特效设定为 200

"漩涡"特效：将图像扭曲，形成好像水流漩涡的造型

将 像素化 ▼ 特效设定为 30

"像素化"特效：将图像变成由一个个明显的像素点组成的效果

将 马赛克 ▼ 特效设定为 10

"马赛克"特效：创建角色的多个小图像，并均匀拼贴在一起

将 亮度 ▼ 特效设定为 80

"亮度"特效：修改角色的颜色明暗程度

将 虚像 ▼ 特效设定为 70

"虚像"特效：修改角色的透明度

小提示

各种特效的参数都是百分数，通常参数越大，得到的效果越强烈。

角色的图层

通俗地讲，Scratch 中的图层就像是含有角色或背景等元素的透明胶片，一张张叠放在一起，形成最终的舞台效果。图层叠放的顺序不同，会得到不同的舞台效果。下面通过一个例子来帮助理解吧。

保留默认的小猫角色，然后添加新的角色"Fish"（鱼）和"Lion"（狮子），如下图所示。可以清楚地看到，在舞台上，鱼遮住了小猫的一部分，而狮子又遮住了鱼的一部分，所以，狮子的图层在最上面，鱼的图层在中间，而小猫的图层在最下面。

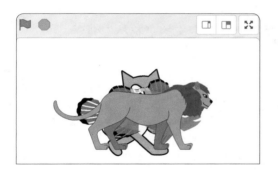

当 3 个角色叠在一起时

为小猫添加"移到最（前面）"积木块，单击积木块，小猫会移动到所有角色的最上面，如下左图所示；单击"移到最（后面）"积木块，将小猫恢复至最下层，然后添加"（前移）(1) 层"积木块，单击积木块，小猫会移动到鱼的上面，把鱼遮住一部分，但小猫还是会被狮子遮住一部分，如下右图所示。

小猫移动到了最上层

小猫往上移动了一层

动手练一练：忙碌的蝴蝶

在五颜六色的花丛中，经常可以看到各种美丽的蝴蝶在翩翩飞舞。本实例就来制作蝴蝶在花间飞舞的动画。在上传自定义的角色和背景后，先为角色添加"运动"模块下的"面向（）方向"积木块，再在积木块中嵌入"在（）和（）之间取随机数"积木块，用随机数模拟出自然的蝴蝶飞舞效果。

素材文件 实例文件 \ 02 \ 素材 \ 花丛.png、蝴蝶造型1.png、蝴蝶造型2.png

程序文件 实例文件 \ 02 \ 源文件 \ 忙碌的蝴蝶.sb3

01 创建一个新的 Scratch 项目，上传自定义的"花丛"背景。

02 删除初始角色，上传"蝴蝶造型 1"角色，将上传的角色命名为"蝴蝶"，调整"蝴蝶"角色的大小、位置和方向。

④ 输入方向为 -64，单击"左右翻转"按钮

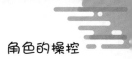
03 将自定义的"蝴蝶造型 2"上传到"蝴蝶"角色的造型列表,以便在后面蝴蝶飞舞时进行造型的切换。

① 单击"造型"标签,切换至"造型"选项卡

② 指向"选择一个造型"按钮⬤

③ 单击"上传造型"按钮⬆

④ 上传造型后,在造型列表中可以看到上传的造型

04 复制"蝴蝶"角色 2 次,得到"蝴蝶 2"和"蝴蝶 3"角色,分别调整复制角色的位置和方向。

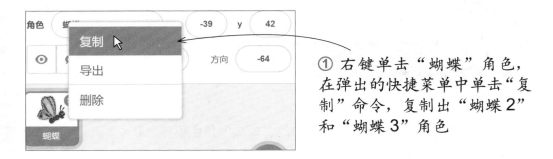

① 右键单击"蝴蝶"角色,在弹出的快捷菜单中单击"复制"命令,复制出"蝴蝶 2"和"蝴蝶 3"角色

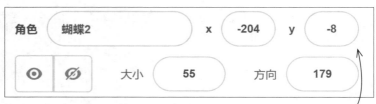

② 选中"蝴蝶 2"角色，更改参数

③ 选中"蝴蝶 3"角色，更改参数

05 选中"蝴蝶"角色，编写脚本，将该角色的运动方向指定为 -180°～180° 之间的随机方向。

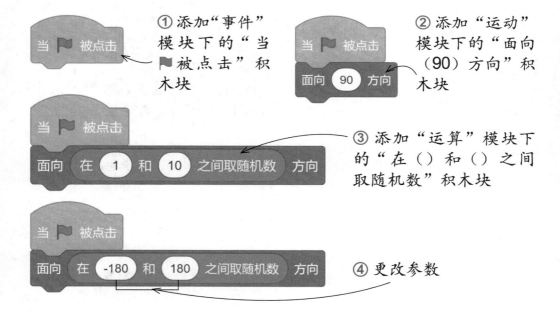

① 添加"事件"模块下的"当 ▶ 被点击"积木块

② 添加"运动"模块下的"面向（90）方向"积木块

③ 添加"运算"模块下的"在（）和（）之间取随机数"积木块

④ 更改参数

06 通过重复执行脚本，让舞台中的"蝴蝶"角色不停地移动。

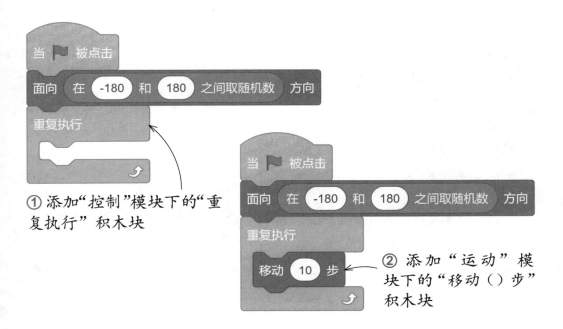

① 添加"控制"模块下的"重复执行"积木块

② 添加"运动"模块下的"移动（）步"积木块

07 单击▶按钮，运行当前脚本，会发现"蝴蝶"角色已经能在舞台上移动了，但是它在碰到舞台边缘后会一直卡在边缘处。

单击▶按钮

卡在舞台边缘

08 添加"碰到边缘就反弹"积木块，并设置翻转方式，让"蝴蝶"角色在舞台上自动来回移动。

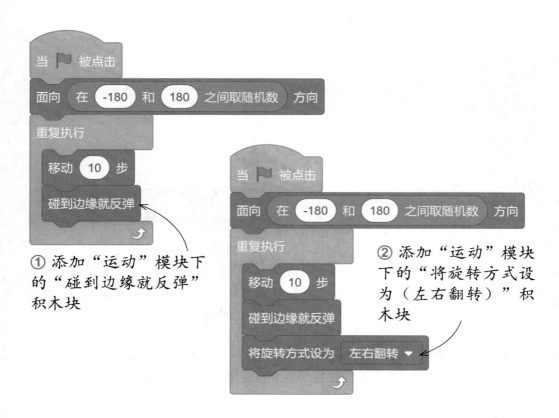

① 添加"运动"模块下
的"碰到边缘就反弹"
积木块

② 添加"运动"模块
下的"将旋转方式设
为（左右翻转）"积
木块

09 单击 ▶ 按钮，运行当前脚本，可以看到当"蝴蝶"角色移动到舞台边缘
时，会自动转向，不会卡在边缘处了。

单击 ▶ 按钮

10 继续编写脚本,使"蝴蝶"角色在移动的过程中每隔一定时间就切换造型。

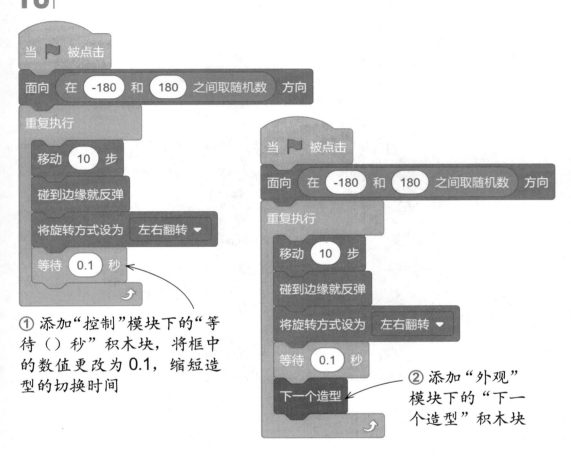

① 添加"控制"模块下的"等待()秒"积木块,将框中的数值更改为 0.1,缩短造型的切换时间

② 添加"外观"模块下的"下一个造型"积木块

11 单击▶按钮,运行当前脚本,可以看到"蝴蝶"角色在舞台上移动的过程中还会不停地变换造型,呈现出更加生动、逼真的飞舞效果。

单击▶按钮

12 将"蝴蝶"角色的脚本复制到"蝴蝶2"角色上，让"蝴蝶2"角色以同样的方式在舞台上飞舞。

① 将脚本区的积木组拖动到角色区的"蝴蝶2"角色上方，松开鼠标，复制脚本

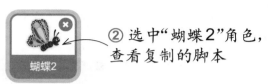

② 选中"蝴蝶2"角色，查看复制的脚本

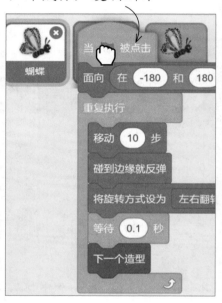

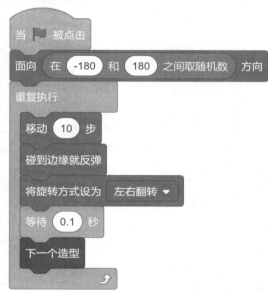

13 选中"蝴蝶3"角色，为角色添加脚本，使其跟随鼠标轨迹飞舞。到这里，这个实例就制作完成了。

添加"运动"模块下的"移到（鼠标指针）"积木块，使"蝴蝶3"角色跟随鼠标轨迹移动

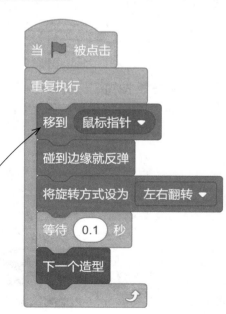

"声音"模块：让角色更有活力

声音也是 Scratch 项目中不可或缺的一部分，它可以增加项目的互动性、体验性及生动性。无论是角色还是舞台背景，添加了声音之后，都会更加生动和活跃。利用"声音"模块下的积木块，可以控制声音的播放和停止、修改声音的音效和音量等。

Scratch 中的部分角色自带声音，也可在"声音"选项卡下为角色或舞台背景添加 Scratch 声音库中的声音，如下图所示，还可以将外部音效上传到项目中，或者自己录制声音。

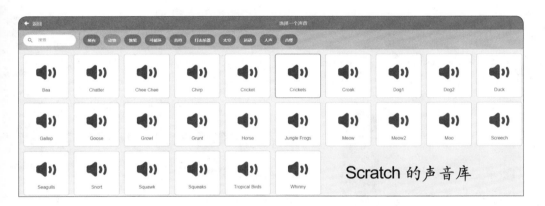

动手练一练：吹灭生日蜡烛

本实例要制作一个模拟吹蜡烛的小游戏：舞台上显示一个生日蛋糕，上面插着点燃的蜡烛，玩家对着连接在计算机上的麦克风吹气，吹得越响，蛋糕上的蜡烛就熄灭得越多。在制作的过程中，主要利用不同的角色造型表现吹灭不同数量蜡烛的效果，利用"当（响度）＞（）"积木块让角色在不同的响度下呈现不同的造型。

素材文件 无

程序文件 实例文件\02\源文件\吹灭生日蜡烛.sb3

01 创建一个新的 Scratch 项目，添加背景库中的"Hearts"背景。

① 单击"选择一个背景"按钮

选择一个背景

② 选择"Hearts"背景

02 删除初始角色，添加角色库中的"Cake"角色，调整角色的位置和大小。

② 选择"Cake"角色

① 单击"选择一个角色"按钮

选择一个角色

③ 设置角色的位置和大小

03 在"造型"选项卡下复制"cake-a"角色造型，更改造型名称，并对复制的角色造型进行编辑，更改点燃的蜡烛的数量。

① 右键单击"cake-a"造型，在弹出的快捷菜单中单击"复制"命令

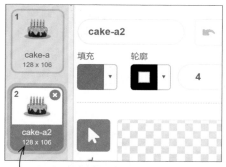

② 复制得到"cake-a2"造型

③ 将 3 个造型分别命名为"cake-a""cake-b""cake-c"

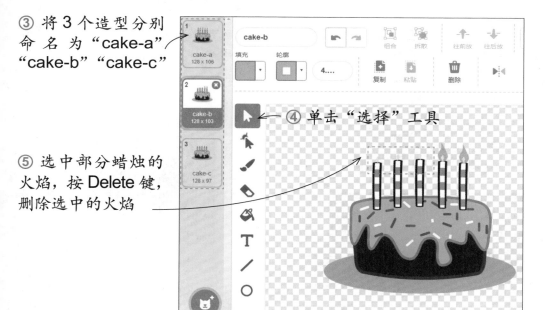

④ 单击"选择"工具

⑤ 选中部分蜡烛的火焰，按 Delete 键，删除选中的火焰

04 为"Cake"角色编写脚本，当单击 ▶ 按钮时，显示蜡烛全部点燃的造型。

① 添加"事件"模块下的"当▶被点击"积木块

② 添加"外观"模块下的"换成（cake-a）造型"积木块

05 当麦克风接收到的响度（音量）大于 50 时，切换为吹灭 3 根蜡烛的造型。

① 添加"事件"模块下的"当（响度）>（）"积木块

② 将"当（响度）>（）"积木块框中的数值更改为 50

③ 添加"外观"模块下的"换成（cake-a）造型"积木块

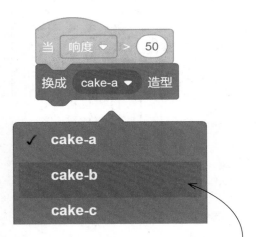

④ 单击"cake-a"右侧的下拉按钮，在展开的列表中选择"cake-b"选项

⑤ 添加"控制"模块下的"停止（这个脚本）"积木块

06 当麦克风接收到的响度（音量）大于 70 时，切换为吹灭全部蜡烛的造型，并播放角色自带的声音"Birthday"。

① 添加"事件"模块下的"当（响度）>（）"积木块

② 将"当（响度）>（）"积木块框中的数值更改为 70

③ 添加"外观"模块下的"换成（cake-a）造型"积木块

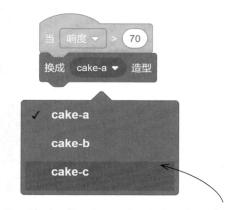

④ 单击"cake-a"右侧的下拉按钮，在展开的列表中选择"cake-c"选项

⑤ 添加"声音"模块下的"播放声音（Birthday）"积木块

07 当声音播放完毕后，等待一定时间，广播"生日快乐"消息。

① 添加"控制"模块下的"等待（）秒"积木块，将框中的数值更改为 0.5

② 添加"事件"模块下的"广播（消息1）"积木块

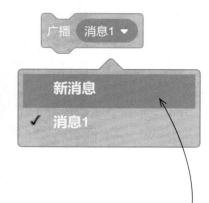

③ 单击"消息1"右侧的下拉按钮，在展开的列表中选择"新消息"选项

④ 输入新消息的名称为"生日快乐"

新消息 ✖

新消息的名称：

生日快乐

取消　确定

⑤ 单击"确定"按钮

当　响度 ▼ ＞ 70

换成　cake-c ▼　造型

播放声音　Birthday ▼

等待　0.5　秒

广播　生日快乐 ▼

⑥ 将广播消息设置为"生日快乐"

08 通过绘制角色的方式创建"生日快乐"角色，在"造型"选项卡下用"文本"工具输入文字"生日快乐！"。

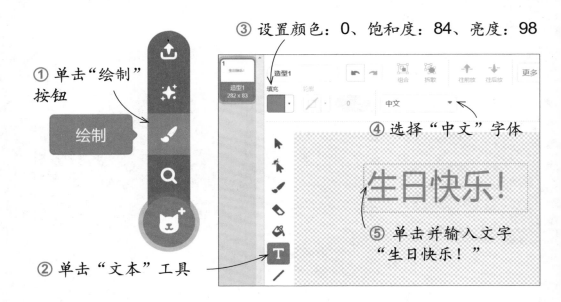

① 单击"绘制"按钮

绘制

② 单击"文本"工具

③ 设置颜色：0、饱和度：84、亮度：98

造型1
填充

中文 ▼

④ 选择"中文"字体

生日快乐！

⑤ 单击并输入文字"生日快乐！"

09 为"生日快乐"角色编写脚本，实现当单击 ▶ 按钮时，隐藏角色。

① 添加"事件"模块下的"当▶ 被点击"积木块

② 添加"外观"模块下的"隐藏"积木块

10 当接收到"生日快乐"消息时，在舞台上显示"生日快乐"角色。

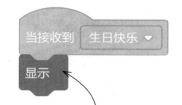

① 添加"事件"模块下的"当接收到（生日快乐）"积木块

② 添加"外观"模块下的"显示"积木块

11 继续编写脚本，让"生日快乐"角色显示在舞台上后，每过 0.3 秒变换一次颜色。到这里，这个实例就制作完成了。

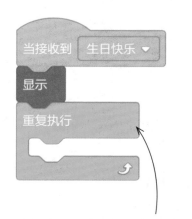

① 添加"控制"模块下的"重复执行"积木块

② 添加"控制"模块下的"等待（）秒"积木块，将框中的数值更改为 0.3

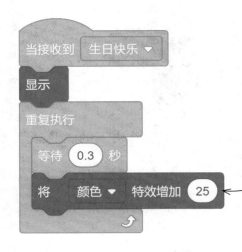

③ 添加"外观"模块下的"将（颜色）特效增加（）"积木块，将框中的数值更改为 25

03

控制程序的
运行

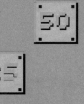

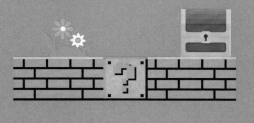

条件语句

"控制"模块是 Scratch 中最为重要的一个模块，几乎所有的 Scratch 项目都少不了"控制"模块下的积木块。在"控制"模块下包含了各种条件语句和循环语句，下面先介绍最为常用的条件语句。

条件语句用于根据指定的条件执行不同的脚本。在程序执行过程中，条件语句会判断指定的条件是否满足，条件满足为"真"（true），条件不满足为"假"（false），然后根据判断结果执行相应的脚本。条件语句分为单向条件语句和双向条件语句两种类型。单向条件语句如下左图所示，只有当条件为真时才会运行空白处的脚本。双向条件语句如下右图所示，它会根据条件是否为真来选择运行不同空白处的脚本。

单向条件语句

双向条件语句

单向条件语句：如果……那么……

单向条件语句的意思是：只有当条件为真时，才会执行条件语句中包含的积木块，反之则直接跳过这些积木块。如右图所示是一段脚本的示例，当条件为真时，会先执行条件语句中包含的积木 1、积木 2、积木 3，再执行连接在条件语句下方的积木 4；如果条件为假，则会跳过条件语句中包含的积木 1、积木 2、积木 3，直接执行条件语句下方的积木 4。这一过程的流程图如下图所示。

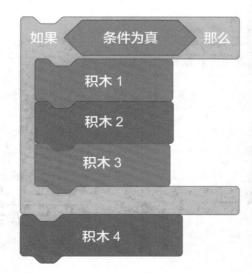

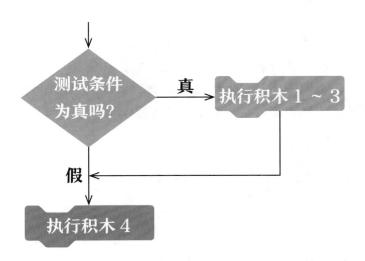

🔵 双向条件语句：如果……那么……否则……

双向条件语句的意思是：如果条件为真，则执行"那么"中包含的积木块；如果条件为假，则执行"否则"中包含的积木块。如下左图所示是一段脚本的示例。当条件为真时，会先执行积木 1 和积木 2，再执行积木 5，不会执行积木 3 和积木 4；当条件为假时，会先执行积木 3 和积木 4，再执行积木 5，不会执行积木 1 和积木 2。这一过程的流程图如下右图所示。

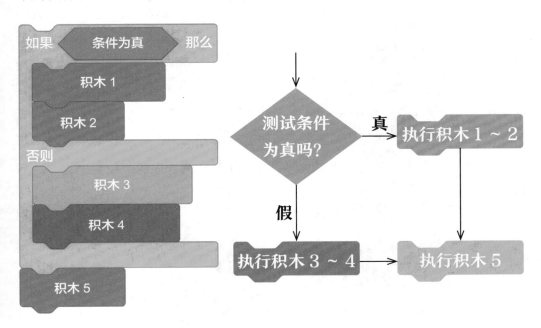

动手练一练：白天与黑夜

本实例将学习制作白天与黑夜的切换动画。在制作过程中主要利用"如果……那么……否则……"积木块根据计算机系统的当前时间显示不同的动画。如果当前时间是白天，就显示太阳升起的动画，反之则显示月亮升起的动画。

素材文件 实例文件 \ 03 \ 素材 \ 白天.png、黑夜.png、房屋.png、太阳.png、月亮.png

程序文件 实例文件 \ 03 \ 源文件 \ 白天与黑夜.sb3

01 创建一个新的 Scratch 项目，删除初始角色，上传自定义的"太阳""月亮""房屋"角色，调整角色的大小和位置，然后上传自定义的"白天"和"黑夜"背景。

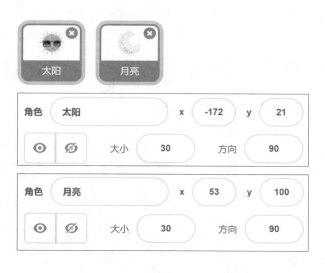

02 选中"房屋"角色，为其编写脚本，让其作为程序的"控制中心"，不停地根据当前时间决定显示太阳升起还是月亮升起的动画。

① 添加"事件"模块下的"当▶被点击"积木块

② 添加"控制"模块下的"重复执行"积木块

03 根据当前时间的小时数来判断是白天还是晚上，然后根据判断结果执行不同的操作。这里设定 7:00—19:00 为白天，其余时间段为晚上。

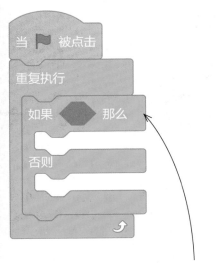

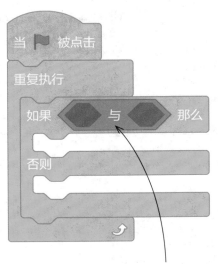

① 将"控制"模块下的"如果……那么……否则……"积木块拖动到"重复执行"积木块的空白处

② 将"运算"模块下的"（）与（）"积木块拖动到"如果……那么……否则……"积木块的条件框中

③ 将"运算"模块下的"（）>（）"积木块拖动到"（）与（）"积木块的第 1 个框中

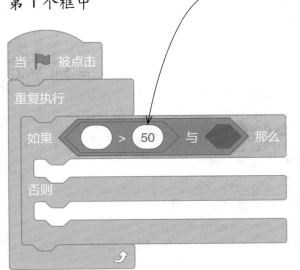

小提示

　　这里设定的白天时间段仅为举例，大家可以根据自己想要实现的效果来设定白天的时间段。感兴趣的读者还可以进一步细化时间段的划分，并为角色设置更丰富的问候语。

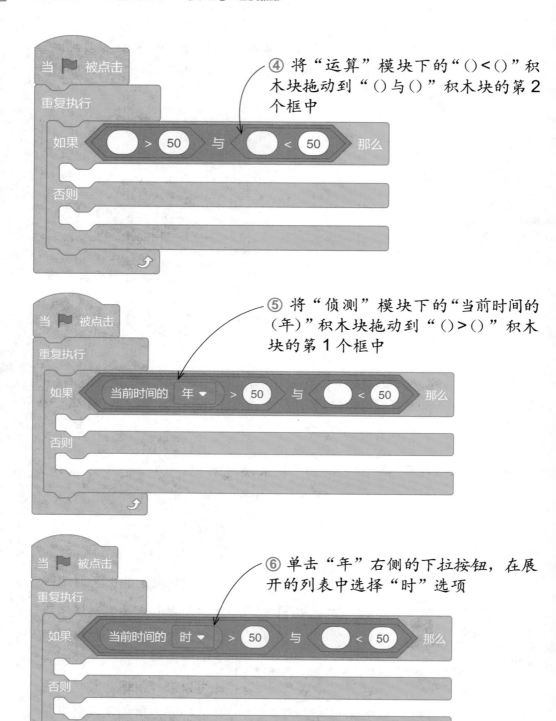

④ 将"运算"模块下的"（）<（）"积
木块拖动到"（）与（）"积木块的第 2
个框中

⑤ 将"侦测"模块下的"当前时间的
（年）"积木块拖动到"（）>（）"积木
块的第 1 个框中

⑥ 单击"年"右侧的下拉按钮，在展
开的列表中选择"时"选项

⑦ 将"当前时间的（时）"积木块复制到"（）<（）"
积木块的第 1 个框中

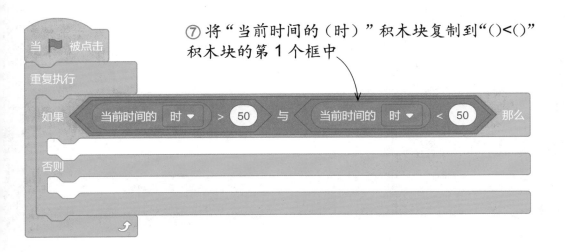

⑧ 将此处框中的数
值更改为 7

⑨ 将此处框中的数
值更改为 19

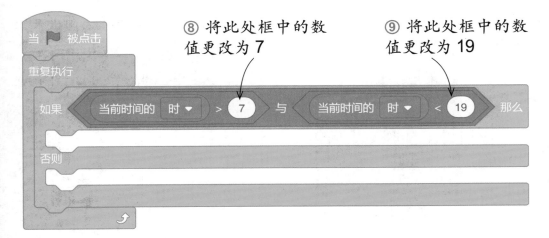

小提示

此处要添加的判断条件由多个运算积木块组成，层次比较复杂，操作
时一定要耐心、仔细。

04 判断出时间段后，根据判断结果广播不同的消息，触发相应的动画脚本
运行。

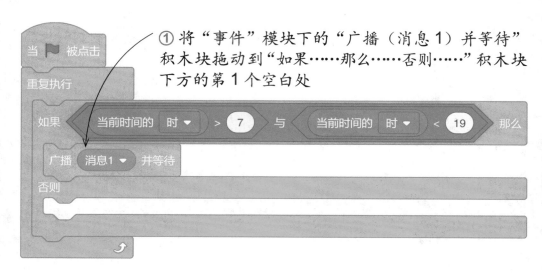

① 将"事件"模块下的"广播（消息1）并等待"
积木块拖动到"如果……那么……否则……"积木块
下方的第1个空白处

② 单击"消息1"右侧的下
拉按钮

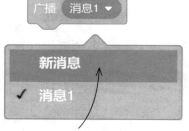

③ 在展开的列表中选择"新
消息"选项

④ 输入新消息的名称为"太阳出来"

⑤ 单击"确定"按钮

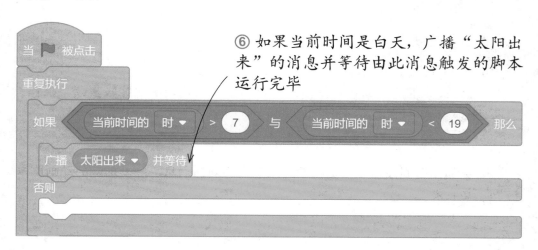

⑥ 如果当前时间是白天，广播"太阳出
来"的消息并等待由此消息触发的脚本
运行完毕

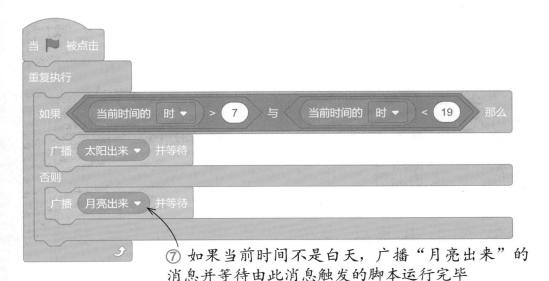

⑦ 如果当前时间不是白天，广播"月亮出来"的
消息并等待由此消息触发的脚本运行完毕

05 选中"太阳"角色，为其编写升起的动画脚本。首先让"太阳"角色在
接收到"太阳出来"的消息后，将舞台背景切换为"白天"。

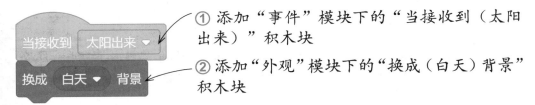

① 添加"事件"模块下的"当接收到（太阳
出来）"积木块

② 添加"外观"模块下的"换成（白天）背景"
积木块

06 让"太阳"角色移动到靠近舞台底部的区域，并显示出来，然后慢慢滑
行到靠近舞台顶部的区域，制造出太阳升起的动画效果。

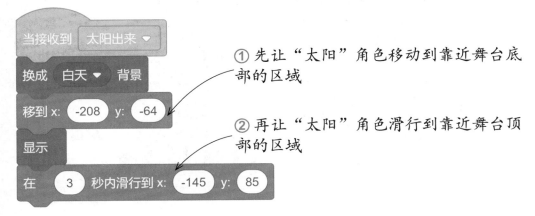

① 先让"太阳"角色移动到靠近舞台底
部的区域

② 再让"太阳"角色滑行到靠近舞台顶
部的区域

07 当"太阳"角色滑行到指定位置后，让其说出"白天要抓紧时间学习哦！"，并持续 2 秒。

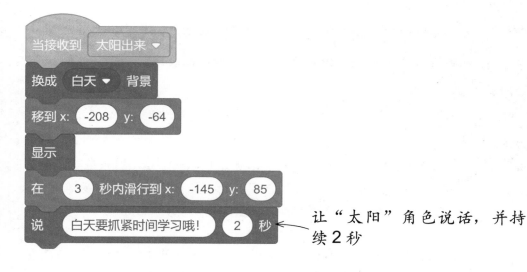

让"太阳"角色说话，并持续 2 秒

08 让"太阳"角色在接收到"月亮出来"的消息后，从舞台上消失。

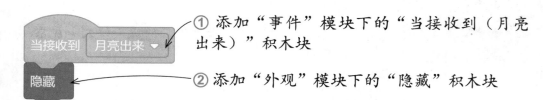

① 添加"事件"模块下的"当接收到（月亮出来）"积木块

② 添加"外观"模块下的"隐藏"积木块

09 假设当前时间是我们设定的白天时段。单击▶按钮，运行当前脚本，就能看到从舞台左侧逐渐升起的"太阳"角色，当它上升到指定位置后，会说出"白天要抓紧时间学习哦！"，并保持 2 秒，然后此动画会不断循环展示。

10 "月亮"角色的脚本和"太阳"角色类似。我们可以将"太阳"角色的脚本复制到"月亮"角色上,再修改几个地方。

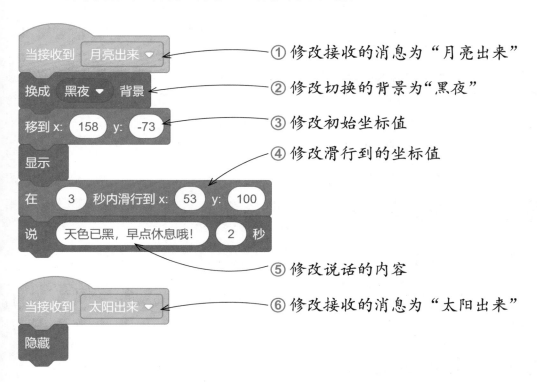

① 修改接收的消息为"月亮出来"

② 修改切换的背景为"黑夜"

③ 修改初始坐标值

④ 修改滑行到的坐标值

⑤ 修改说话的内容

⑥ 修改接收的消息为"太阳出来"

11 单击▶️按钮,运行脚本,就可以看到根据当前时间显示的太阳升起或月亮升起的动画。到这里,这个实例就制作完成了。

单击▶️按钮

循环语句

在不少实际问题中，都需要执行规律性的重复操作。如果要让程序执行规律性的重复操作，就需要用到"控制"模块下的循环语句，分别是"普通循环""限次循环""条件循环"。

"重复执行"积木块是普通循环，没有其他因素的限制，是最基础的循环语句，如下左图所示；"重复执行（）次"积木块是限次循环，在普通循环的基础上增加了循环次数的限制，如下中图所示；"重复执行直到……"积木块是条件循环，在普通循环的基础上增加了一个条件，判断条件的真假后再进行循环操作，如下右图所示。

普通循环　　　　　　限次循环　　　　　　条件循环

普通循环：重复执行

普通循环完成的是最简单的循环工作，如果不加外界条件的话，这个循环会一直运行下去。在如下左图所示的脚本中，单击 ▶ 按钮执行程序后，"重复执行"积木块中包含的积木组会依次重复执行，小猫会在舞台上一直来回移动，如下右图所示，直到单击 ● 按钮，程序才能停止。

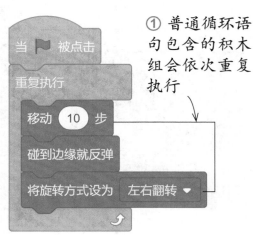

① 普通循环语句包含的积木组会依次重复执行

② 小猫在碰到舞台边缘之后会反弹回来接着移动

限次循环：重复执行（ ）次

和"重复执行"积木块相比，"重复执行（ ）次"积木块中多了一个框，如下图所示。这个框用于精确控制循环次数。在框中可以输入整数，如1、2、3（如果输入小数，则会被四舍五入为整数）；也可以镶嵌圆角矩形的积木块，如 x坐标 、 计时器 等。当循环次数达到设置值后，便会自动跳过或停止运行限次循环语句所包含的积木块。

限次循环语句中的框是一个输入框

条件循环：重复执行直到……

条件循环不是指某个条件为真才执行循环，而是指执行循环直到某个条件为真。如下图所示的脚本会让角色在碰到舞台边缘之前一直保持移动状态。

条件为真之前执行循环

所以，条件循环也可以算是一种特殊的限次循环，只不过限制次数不是通过固定的数值，而是通过条件，由这些条件来决定循环的次数。如下图所示，条件循环的积木块也有一个框，但这个框中只能镶嵌六边形的积木块，如 碰到 鼠标指针 ？ 、 ○>50 等。

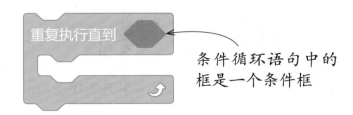

条件循环语句中的框是一个条件框

动手练一练：精灵现身

本实例将学习制作在舞台上时隐时现的精灵动画。在编写脚本时，利用普通循环语句"重复执行"积木块，让精灵的位置移动和造型切换等操作能够重复不断地执行，再结合限次循环语句"重复执行（）次"积木块与"将（虚像）特效增加（）"积木块，实现精灵渐渐隐身的动画效果。

素材文件 实例文件 \ 03 \ 素材 \ 精灵1.png、精灵2.png、精灵3.png

程序文件 实例文件 \ 03 \ 源文件 \ 精灵现身.sb3

01 创建一个新的 Scratch 项目，添加背景库中的 "Space" 背景。

单击"选择一个背景"按钮 🖼️

选择一个背景

02 删除初始角色，上传自定义的"精灵 1"角色，将上传的角色命名为"精灵"，调整"精灵"角色的大小和位置。

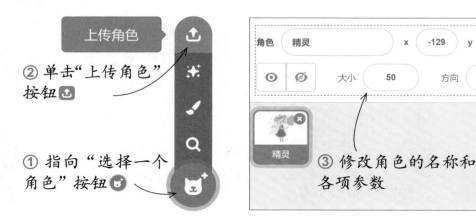

上传角色

② 单击"上传角色"按钮 🔼

① 指向"选择一个角色"按钮 🐱

角色　精灵　　x　-129　　y　-10
👁　🚫　　大小　50　　方向　90

精灵

③ 修改角色的名称和各项参数

03 在"造型"选项卡中上传"精灵2"和"精灵3"两个造型。

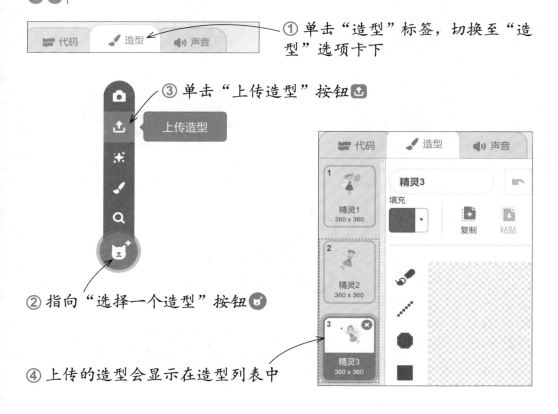

① 单击"造型"标签，切换至"造型"选项卡下

③ 单击"上传造型"按钮

② 指向"选择一个造型"按钮

④ 上传的造型会显示在造型列表中

04 为"精灵"角色编写脚本，实现当单击▶按钮时，将角色的大小设为50%，以适应舞台背景。

① 添加"事件"模块下的"当▶被点击"积木块

② 添加"外观"模块下的"将大小设为（）"积木块，更改数值为50

05 通过"重复执行"积木块，让"精灵"角色在3个造型之间不断随机切换。

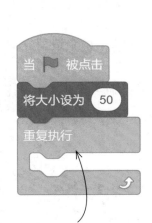 

① 添加"控制"模块下的"重复执行"积木块　　② 添加"外观"模块下的"换成（精灵1）造型"积木块

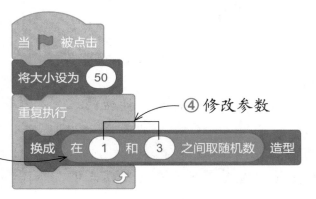

③ 添加"运算"模块下的"在（）和（）之间取随机数"积木块　　④ 修改参数

06 为"精灵"角色添加虚像特效，并保留默认的虚像特效参数 0，在一开始完全显示精灵图像。

② 单击"颜色"右侧的下拉按钮，在展开的列表中选择"虚像"选项

① 添加"外观"模块下的"将（颜色）特效设定为（）"积木块，保留特效参数 0

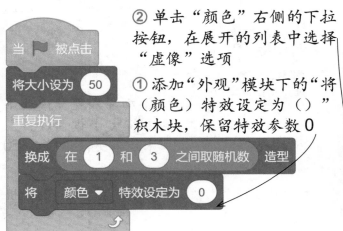 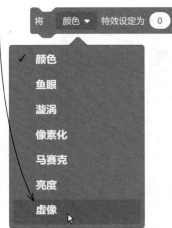

07 将"精灵"角色移动到舞台中的随机位置上。

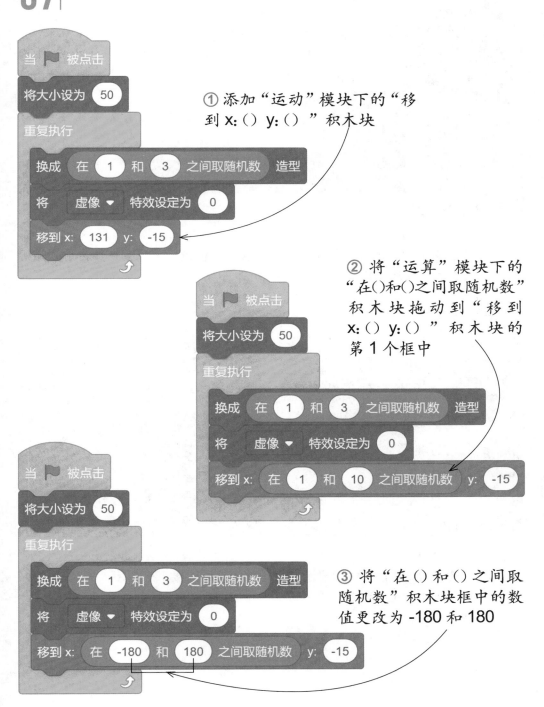

① 添加"运动"模块下的"移到 x:() y:()"积木块

② 将"运算"模块下的"在()和()之间取随机数"积木块拖动到"移到 x:() y:()"积木块的第1个框中

③ 将"在()和()之间取随机数"积木块框中的数值更改为 -180 和 180

④ 将"运算"模块下的"在（）和（）之间取随机数"积木块拖动到"移到 x：（）y：（）"积木块的第 2 个框中，分别将数值更改为 -120 和 120

08 单击 ▶ 按钮，运行当前脚本，可以看到"精灵"角色会在舞台上以随机造型出现在随机位置。

单击 ▶ 按钮

09 但是"精灵"角色每次显示的时间太短，所以接下来应用"等待（）秒"积木块，延长"精灵"角色每次显示的时间。

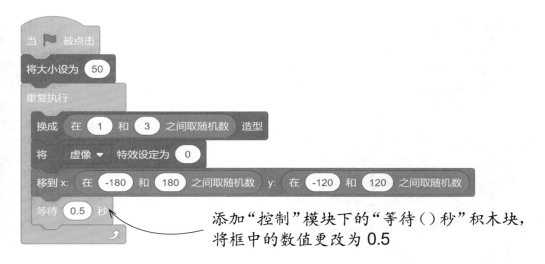

添加"控制"模块下的"等待（）秒"积木块，
将框中的数值更改为 0.5

10 结合"重复执行（）次"积木块和虚像特效，使"精灵"角色每隔 0.3 秒就降低不透明度，呈现出渐渐隐身的效果。

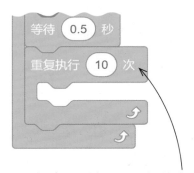

① 添加"控制"模块下的"重复执行（）次"积木块，保留默认的执行次数 10

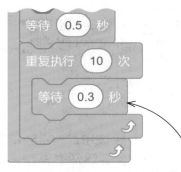

② 添加"控制"模块下的"等待（）秒"积木块，将框中的数值更改为 0.3

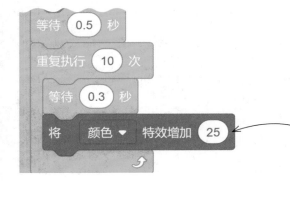

③ 添加"外观"模块下的"将（颜色）特效增加（）"积木块

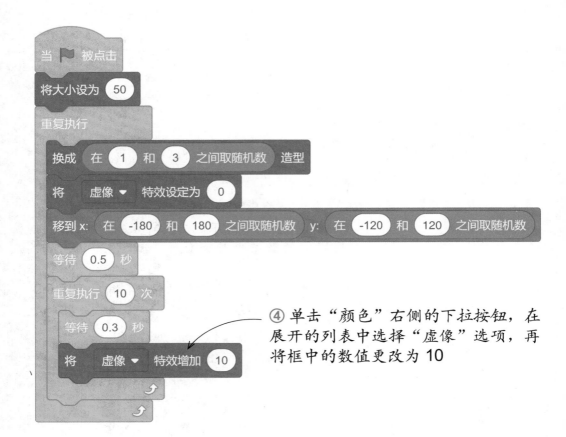

④ 单击"颜色"右侧的下拉按钮，在展开的列表中选择"虚像"选项，再将框中的数值更改为 10

11 单击 🏳 按钮，运行当前脚本，可以看到舞台上的"精灵"角色在每次现身后，会逐渐变得越来越透明，最后消失不见。到这里，这个实例就制作完成了。

单击 🏳 按钮

条件语句和循环语句的嵌套

条件语句和循环语句的嵌套是 Scratch 程序编写中较为核心的内容，嵌套的方式一共有 3 种：条件语句的相互嵌套、循环语句的相互嵌套、条件语句和循环语句的相互嵌套。

条件语句的相互嵌套

条件语句的嵌套，即在条件语句的空白处添加一个或多个条件语句，形成双重或多重的条件语句。这种结构的作用是，当有两个或两个以上的条件时，需要将所有的条件都表示出来，让程序能根据需要选择相应的条件运行。以"如果……那么……"积木块为例，双重嵌套如下左图所示，多重嵌套如下右图所示。

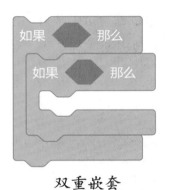

双重嵌套

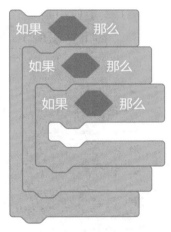

多重嵌套

循环语句的相互嵌套

循环语句的嵌套，即在循环语句中嵌套一个或多个循环语句，形成双重或多重循环。一般来说，普通循环语句中不会嵌套普通循环语句，但是限次循环语句和条件循环语句中会嵌套各种循环语句，这个分类就比较多样了，需要根据实际情况选择合适的循环语句。双重循环如下左图所示，多重循环如下右图所示。

双重循环

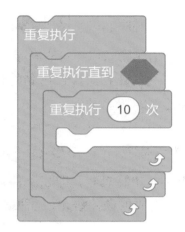

多重循环

条件语句和循环语句的相互嵌套

这是 Scratch 中使用最多的一种嵌套方式，它的结构可以是条件语句内部嵌套循环语句，如下左图所示；也可以是循环语句内部嵌套条件语句，如下右图所示。

条件语句内部嵌套循环语句

循环语句内部嵌套条件语句

下面分别介绍循环语句中嵌套单个单向条件语句或多个单向条件语句的用法。

类型 1 循环语句中嵌套单个单向条件语句。为小猫添加如下左图所示的脚本。单击 ▶ 按钮运行脚本后，每按一次空格键，小猫便会移动到舞台上的一个随机位置，如下右图所示。

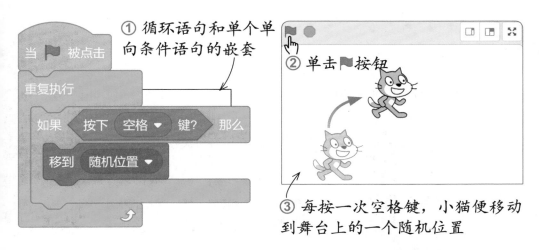

① 循环语句和单个单向条件语句的嵌套

② 单击 🚩 按钮

③ 每按一次空格键，小猫便移动到舞台上的一个随机位置

类型2 循环语句中嵌套多个单向条件语句。重新为小猫添加如下左图所示的脚本。单击 🚩 按钮运行脚本后，每按一次←或→键，小猫的 x 坐标便会沿着相应方向增加 100 个单位，如下右图所示。

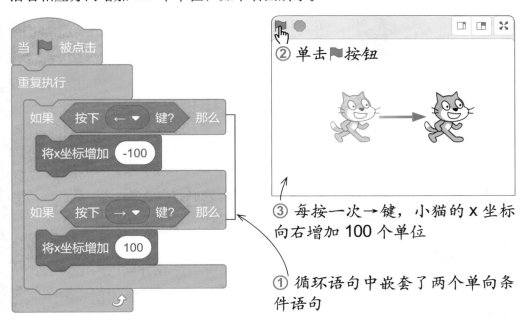

② 单击 🚩 按钮

③ 每按一次→键，小猫的 x 坐标向右增加 100 个单位

① 循环语句中嵌套了两个单向条件语句

动手练一练：跑动的野兔

本实例要制作一个跑动的野兔动画。在制作时，利用循环语句和条件语句的嵌套，让野兔不停地向右跑动，同时切换造型和变换自身的颜色，并在到达右侧边缘时消失。

素材文件 ▶ 无

程序文件 ▶ 实例文件 \ 03 \ 源文件 \ 跑动的野兔.sb3

01 创建一个新的 Scratch 项目，添加背景库中的"Castle 2"背景。

② 选择"Castle 2"背景

① 单击"选择一个背景"按钮

02 删除初始角色，添加角色库中的"Hare"角色。

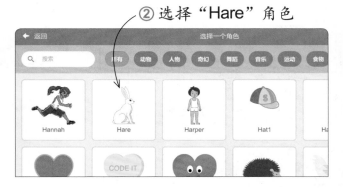

② 选择"Hare"角色

① 单击"选择一个角色"按钮

03 为"Hare"角色编写脚本。当单击▶按钮时，将"Hare"角色移动到舞台左下角并显示出来。

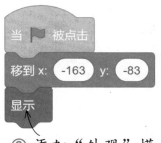

① 添加"当▶被点击"积木块作为触发脚本运行的方式

② 添加"运动"模块下的"移到 x：（）y：（）"积木块，并将框中的数值更改为 -163 和 -83

③ 添加"外观"模块下的"显示"积木块

04 利用普通循环语句让"Hare"角色不断向右移动并切换造型。

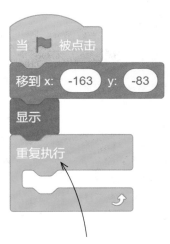

① 添加"控制"模块下的"重复执行"积木块

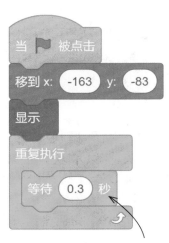

② 添加"控制"模块下的"等待（）秒"积木块，将框中的数值更改为 0.3

③ 添加"运动"模块下的"移动（）步"积木块，将框中的数值更改为 10

④ 添加"外观"模块下的"下一个造型"积木块，切换角色造型

087

05 利用限次循环语句让"Hare"角色不断变换自身的颜色。

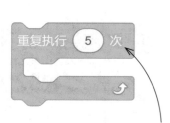

① 添加"控制"模块下的"重复执行（）次"积木块，将框中的数值更改为 5

② 添加"外观"模块下的"将（颜色）特效增加（）"积木块，将框中的数值更改为 20

06 当"Hare"角色碰到舞台边缘时，将它隐藏起来并停止脚本运行。

① 添加"控制"模块下的"如果……那么……"积木块

② 添加"侦测"模块下的"碰到（鼠标指针）？"积木块

③ 单击"鼠标指针"右侧的下拉按钮，在展开的列表中选择"舞台边缘"选项

④ 添加"外观"模块下的"隐藏"积木块

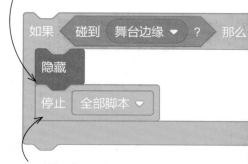

⑤ 添加"控制"模块下的"停止（全部脚本）"积木块

在条件语句中，积木块的执行顺序是根据条件是否为真来决定的。在循环语句中，所有积木块都是从上至下依次执行的。

07 把步骤 05 和步骤 06 的脚本与步骤 04 的脚本连接起来，完成"Hare"角色脚本的编写。

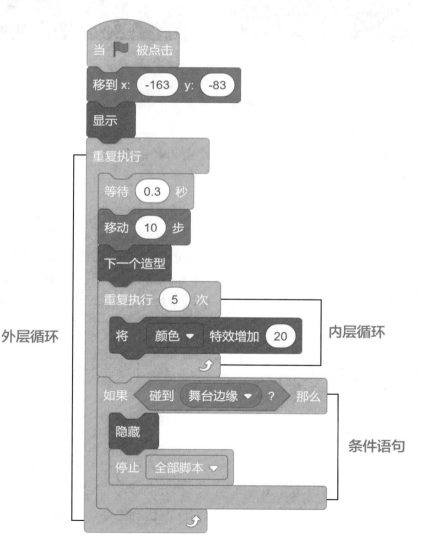

08 单击 ▶ 按钮运行脚本，就可以看到 "Hare" 角色从舞台的左侧向右侧移动，并且不断切换造型和变换颜色，当到达右侧边缘时从舞台上消失。

等待和停止

在某些程序中，为了更清楚地看到运行的结果，需要暂停下来等待一段时间；而在完成某些操作后，则需要停止脚本的运行。在 Scratch 中，"等待" 是一个过程，等待时间过去或等待条件变为真；而 "停止" 是一个结果，即停止运行脚本。

等待积木块

"控制" 模块下控制等待的积木块有两类：一类是时间等待积木块，如下左图所示，用于控制脚本在等待指定时间后再进行下一步操作；另一类是条件等待积木块，如下右图所示，用于控制脚本在指定条件为真时再进行下一步操作。

 通过时间控制    通过条件控制

脚本停止积木块

如果需要在达到想要的效果时就强制停止运行脚本，可以使用 "控制" 模块下的 "停止（ ）" 积木块。如下图所示，停止脚本有三种类型：第一种是 "停止（全部脚本）"，表示停止运行整个程序的所有脚本；第二种是 "停止（这

个脚本）"，表示停止运行当前脚本，即该积木块所在的脚本；第三种是"停止（该角色的其他脚本）"，表示停止运行当前角色中当前脚本以外的脚本。

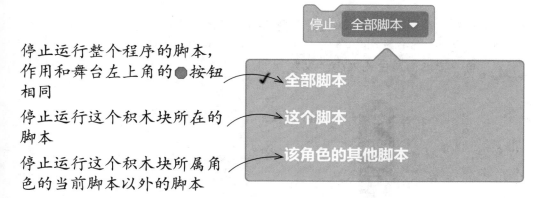

停止运行整个程序的脚本，作用和舞台左上角的●按钮相同

停止运行这个积木块所在的脚本

停止运行这个积木块所属角色的当前脚本以外的脚本

神奇的克隆

克隆是 Scratch 的一项重要功能，它可以在程序运行过程中创建某个角色的克隆体。克隆体会完全继承原始角色的造型、声音、属性和脚本，但它们将各自独立运行、互不影响。

与克隆相关的积木块有 3 个：第 1 个是"克隆（自己）"，如下左图所示，用于克隆自身；第 2 个是"当作为克隆体启动时"，如下中图所示，用于在克隆体创建后完成指定操作；第 3 个是"删除此克隆体"，如下右图所示，用于删除无用的克隆体。

动手练一练：小小击球手

本实例要制作一个击球手击打棒球的动画场景。在制作过程中，利用"克隆（自己）"积木块克隆"棒球"角色，在舞台上复制出更多棒球，再利用"当作为克隆体启动时"积木块启用克隆体，让克隆体移动起来，实现击球手不断击打棒球的效果。

素材文件 ▶ 无

程序文件 ▶ 实例文件 \ 03 \ 源文件 \ 小小击球手.sb3

01 创建一个新的 Scratch 项目，删除初始角色，添加角色库中的 "Batter" 角色和 "Baseball" 角色，分别修改角色名称为 "击球手" 和 "棒球"，将 "棒球" 角色的大小修改为 50。

02 添加背景库中的 "Baseball 2" 背景。

03 使用鼠标在舞台上拖动 "击球手" 和 "棒球" 角色，将它们移动到合适的位置。

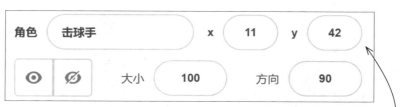

① "击球手" 角色的坐标

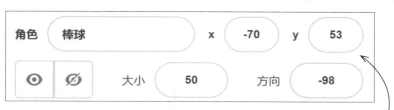

② "棒球" 角色的坐标

③ 在舞台上查看调整后的 "击球手" 和 "棒球" 角色 位置

04 选中 "击球手" 角色，为其编写脚本。当单击 ▶ 按钮时，让 "击球手" 角色每隔 0.4 秒切换一次造型。

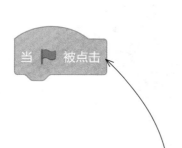

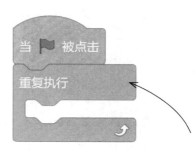

① 添加 "事件" 模块下的 "当 ▶ 被点击" 积木块

② 添加 "控制" 模块下的 "重复 执行" 积木块

093

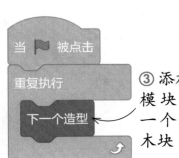

③ 添加"外观"模块下的"下一个造型"积木块

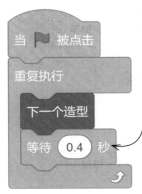

④ 添加"控制"模块下的"等待（）秒"积木块，将框中的数值更改为0.4

05 选中"棒球"角色，为其编写脚本。当单击▶按钮时，让"棒球"角色从鼠标指针所在位置滑行到"击球手"角色的身边。

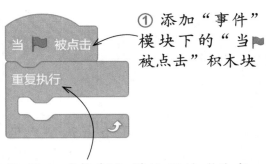

① 添加"事件"模块下的"当▶被点击"积木块

② 添加"控制"模块下的"重复执行"积木块

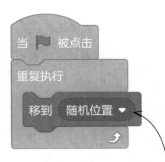

③ 添加"运动"模块下的"移到（随机位置）"积木块

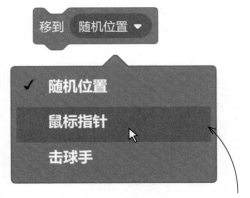

④ 单击"随机位置"右侧的下拉按钮，在展开的列表中选择"鼠标指针"选项

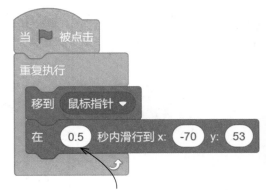

⑤ 添加"运动"模块下的"在（）秒内滑行到 x:（）y:（）"积木块，将第1个框中的数值更改为0.5

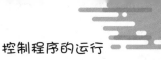

06 为了实现不断有棒球飞向击球手的效果，利用克隆功能复制"棒球"角色，避免了手动复制角色的烦琐操作。

① 添加"控制"模块下的"等待（）秒"积木块，将框中的数值更改为 1

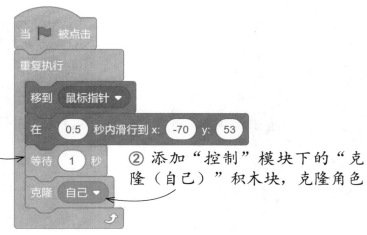

② 添加"控制"模块下的"克隆（自己）"积木块，克隆角色

07 继续为"棒球"角色添加脚本。当作为克隆体启动时，将"棒球"角色移动到最前面，改变其颜色和大小，增加外观上的变化。

① 添加"控制"模块下的"当作为克隆体启动时"积木块，启用克隆体

② 添加"外观"模块下的"移到最（前面）"积木块

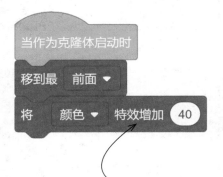

③ 添加"外观"模块下的"将（颜色）特效增加（）"积木块，将框中的数值更改为 40

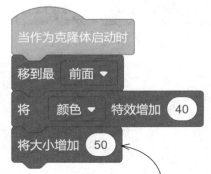

④ 添加"外观"模块下的"将大小增加（）"积木块，将框中的数值更改为 50

08 等待指定的时间后，删除克隆体，制作出棒球被击打出去后从视野中消失的效果。

① 添加"控制"模块下的"等待（）秒"积木块，将框中的数值更改为 0.03

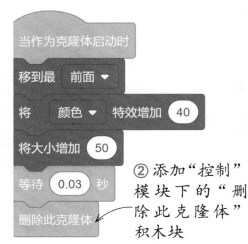

② 添加"控制"模块下的"删除此克隆体"积木块

09 到这里，这个实例就制作完成了。单击 🏁 按钮，看一看脚本的运行效果吧。

① 开始时的状态

② 准备击球时的状态

③ 击中球时的状态

④ 球飞出去时的状态

判断侦测

在 Scratch 中，使用"侦测"模块不仅能监测某些参数的指标，还能监测特定的操作。该模块下的积木块包括触碰侦测和按键侦测两类，用于对角色的触碰及鼠标或键盘的按键等进行侦测，从而引导程序的运行。

触碰侦测

触碰侦测的积木块分为两种：一种是角色发生的触碰，即角色在舞台上触碰到舞台边缘、鼠标指针或其他角色；另一种是颜色与颜色的触碰，也可以看成是角色发生触碰的一种特殊情况。

角色触碰是比较常用的一种侦测，对应的"碰到（）？"积木块如下图所示，单击积木块的下拉按钮，在展开的列表中可以选择要侦测的触碰条件。

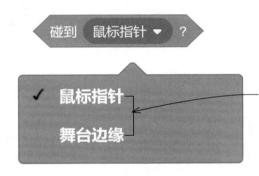

角色列表中仅有一个角色时，触碰条件只有"鼠标指针"和"舞台边缘"；当角色不止一个时，触碰条件还会包含其他角色

侦测颜色触碰的积木块有两种：一种用于判断角色是否触碰到某种颜色，如下左图所示；另一种用于判断一种颜色是否触碰到另一种颜色，如下右图所示。

角色触碰到某种颜色　　　　　　一种颜色触碰到另一种颜色

可以通过单击"颜色"后的色块，修改颜色的属性值（颜色、饱和度、亮度）来设置想要的颜色，若不知道颜色的属性值，还可以使用吸管工具，如下左图所示，直接在舞台上吸取想要的颜色，如下右图所示。

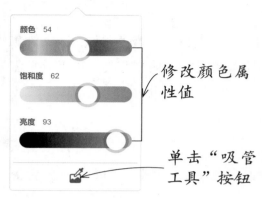

颜色与颜色的触碰和角色与颜色的触碰有相似的地方，区别在于颜色与颜色的触碰会得到更精确的侦测结果。下面分别介绍这两种积木块的具体效果。

类型1 角色与颜色的触碰。添加角色库中的"Beetle"（甲壳虫）角色及背景库中的"Blue Sky"背景，如下左图所示。然后为"Beetle"角色添加如下右图所示的脚本，其中"碰到颜色（）？"积木块中要侦测的颜色是通过吸管工具吸取的背景中的蓝色。

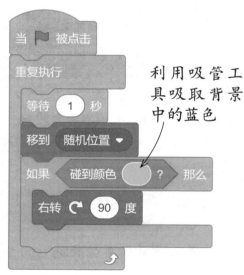

运行程序之前，把"Beetle"角色移动到绿色的草丛上，让其不触碰蓝色，如下左图所示。然后运行程序，当"Beetle"角色移动到蓝色背景上时，由于触碰到了蓝色，便向右转动90°，如下右图所示。

初始状态

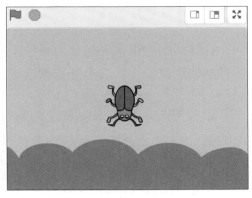

角色的任何部位触碰到蓝
色都会让角色右转90°

类型2 **颜色与颜色的触碰**。将上述脚本中的"碰到颜色（）？"积木块
替换为"颜色（）碰到（）？"积木块，利用吸管工具设定要侦测的是角色
右前肢的颜色触碰到背景中的蓝色，如下左图所示。把"Beetle"角色移动到
绿色的草丛上，运行程序后会发现，只要角色的右前肢没有触碰到背景中的
蓝色，角色便不会右转，如下右图所示。

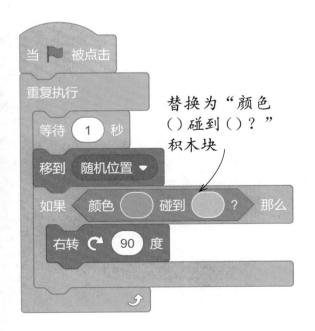

替换为"颜色
（）碰到（）？"
积木块

右前肢的颜色没有触碰到
蓝色，所以不会右转90°

按键侦测

按键侦测的积木块也分为两种，一种是侦测键盘上的按键是否被按下，另一种是侦测鼠标上的按键是否被按下。

如右图所示的积木块可以判断键盘上的某个按键是否被按下，这个按键可以是空格键、方向键（↑、↓、←、→）、数字键、字母键等，也可以是任意键。

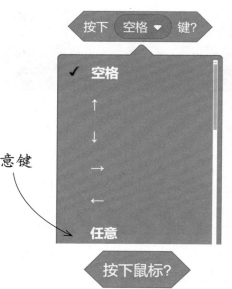

按键可以是指定键或任意键

如右图所示的"按下鼠标？"积木块可以判断鼠标键（包括左键、中键、右键）是否被按下。

要注意的是，"按下鼠标？"积木块侦测的并不是"单击鼠标"的动作。鼠标的单击可分解为"按下→松开"的两个状态，"按下鼠标？"积木块侦测的仅是"按下"状态，"松开"状态则需要结合"（）不成立"和"按下鼠标？"积木块来侦测。而一个完整的单击鼠标动作的侦测，还需要加入"等待（）"积木块。

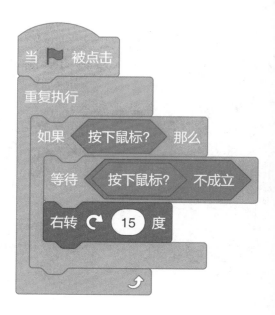

如右图所示的脚本可以实现每单击一次鼠标就让角色向右旋转15°。大家可以自己试一试，如果去掉"等待（（按下鼠标？）不成立）"积木组，会是什么样的效果。

04

编程中的运算

认识变量

变量是编程中非常重要的一个概念，可以说大多数程序的编写都离不开变量的运用。下面就来学习在 Scratch 中是如何创建及运用变量的。

变量的含义与作用

如下图所示，假设我们有一个盒子专门用于存放零食，为了和其他盒子区分开，我们在盒子上贴了一个"零食"标签，然后在盒子里放进一些巧克力。当我们想吃巧克力时，根据标签就能找到这个盒子，取出巧克力，我们也可以在盒子里放其他零食来替代巧克力。变量就像这个盒子，我们可以设置变量名称，并在变量中存放数据。在编写脚本时，根据变量的名称，就能取出变量中的数据来使用，还能更换变量中存放的数据。

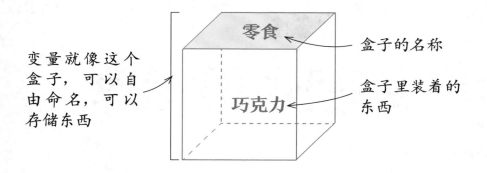

变量支持的数据类型

Scratch 中的变量支持 3 种数据类型，如下图所示。

类型① 布尔类型。只有"true"和"false"两个值，通常用于判断条件是否成立。在"控制"模块中，条件语句判断条件得出的结果，便是布尔类型的数据。

类型② 数值类型。包括整数和小数（Scratch 中没有分数）。

类型③ 字符类型。即由单个字符或多个字符组成的字符串，字母、数字、汉字、符号等均能作为字符构成字符类型的数据。

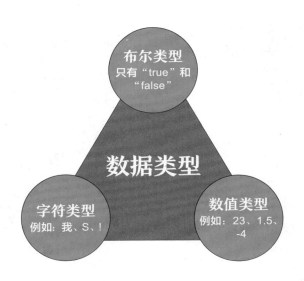

变量的创建、重命名和删除

接下来讲解在 Scratch 中如何创建、重命名和删除变量。

创建变量

单击"变量"模块，然后单击"建立一个变量"按钮，如右图所示。在弹出的"新建变量"对话框中的"新变量名"文本框中输入合适的变量名，最后单击"确定"按钮，如下左图所示。一个新的变量就创建好了，如下右图所示。

② 单击"建立一个变量"按钮

① 单击"变量"模块

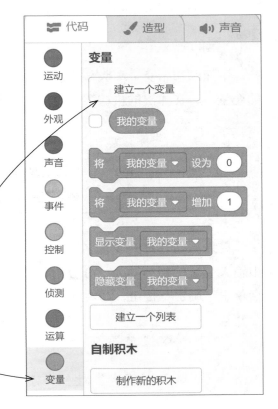

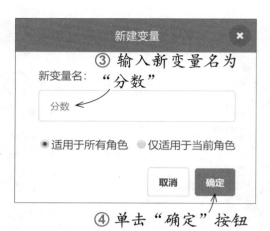

③ 输入新变量名为"分数"

④ 单击"确定"按钮

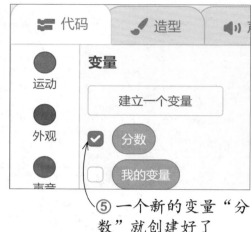

⑤ 一个新的变量"分数"就创建好了

小提示

单击"变量"模块后，会发现已经有一个初始变量"我的变量"，可以直接修改它的名称，然后在编程时使用。

重命名变量

下面以初始变量"我的变量"为例，讲解重命名变量的方法。右键单击"我的变量"，在弹出的快捷菜单中单击"修改变量名"命令，如下图所示。

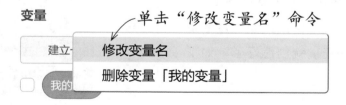

单击"修改变量名"命令

在弹出的"修改变量名"对话框中输入变量的新名称为"分数"，最后单击"确定"按钮，如右图所示。

① 修改变量名为"分数"

② 单击"确定"按钮

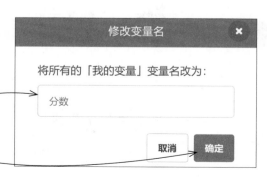

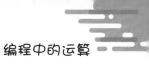
删除变量

下面仍然以初始变量"我的变量"为例,讲解删除变量的方法。右键单击"我的变量", 在弹出的快捷菜单中单击"删除变量「我的变量」"命令,如下左图所示,即可看到"我的变量"已经从"变量"模块中消失了,如下右图所示。

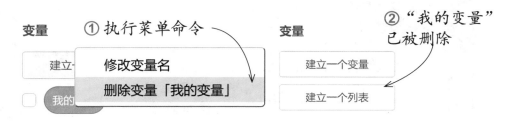

动手练一练:掷骰子比大小

本实例要制作一个掷骰子比大小的小游戏。在游戏过程中,每按一次空格键,男巫师和女巫师就会分别掷出一个骰子,谁掷出的骰子点数大,谁就得 1 分。在编写脚本时,创建"骰子 1"和"骰子 2"两个变量来控制两个骰子显示的点数,然后创建"分数 1"和"分数 2"两个变量统计两个巫师的分数。

素材文件 实例文件 \ 04 \ 素材 \ 点数1.png、点数2.png、点数3.png、点数4.png、点数5.png、点数6.png

程序文件 实例文件 \ 04 \ 源文件 \ 掷骰子比大小.sb3

01 创建一个新的 Scratch 项目,删除初始角色。上传自定义的骰子角色素材。

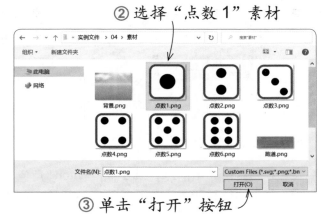

02 将其余 5 个点数的素材作为当前角色的不同造型依次上传到角色的造型列表中。

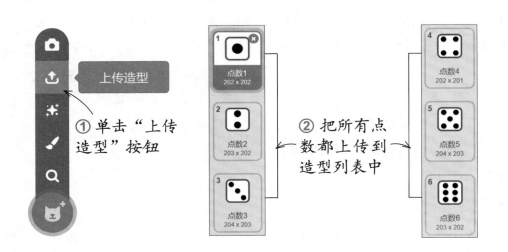

03 将角色名修改为"骰子 1"，并设置角色的大小和位置。然后复制"骰子 1"角色，得到"骰子 2"角色，调整"骰子 2"角色的位置。

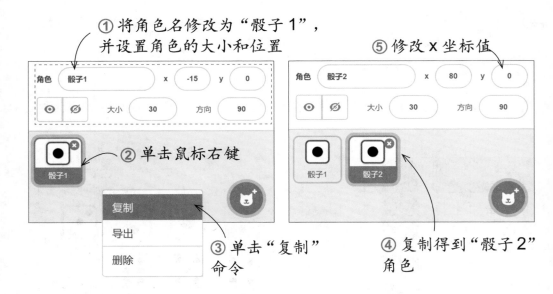

04 添加角色库中的"Wizard"和"Witch"角色，分别设置"Wizard"和"Witch"角色的位置和大小，然后添加背景库中的"Castle 3"背景。

① "Wizard" 角色的位置和大小

② "Witch" 角色的位置和大小

05 创建编写脚本时需要用到的 4 个变量"分数 1""分数 2""骰子 1""骰子 2"。为了直观对比两个巫师的分数，勾选"分数 1"和"分数 2"变量前的复选框，让它们显示在舞台上。

变量

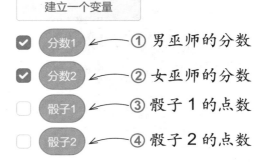

① 男巫师的分数

② 女巫师的分数

③ 骰子 1 的点数

④ 骰子 2 的点数

06 选中"骰子 1"角色，为其编写脚本。当按空格键时，将对应的"骰子 1"变量的值设置为 0。

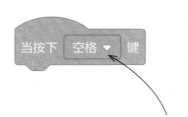

① 添加"事件"模块下的"当按下（空格）键"积木块

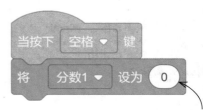

② 添加"变量"模块下的"将（分数1）设为（）"积木块，将框中的数值更改为 0

③ 单击"分数 1"右侧的下拉按钮，在展开的列表中选择"骰子 1"选项

07 利用限次循环语句，让"骰子 1"角色在 6 种造型之间随机切换一定次数，模拟投掷骰子的效果。

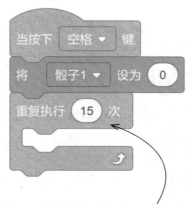

① 添加"控制"模块下的"重复执行（）次"积木块，将框中的数值更改为 15

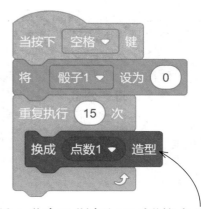

② 添加"外观"模块下的"换成（点数 1）造型"积木块

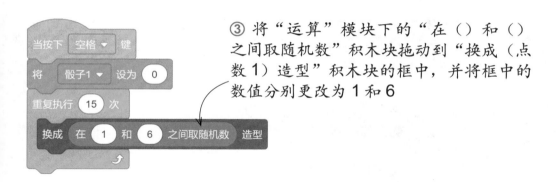

③ 将"运算"模块下的"在（）和（）之间取随机数"积木块拖动到"换成（点数 1）造型"积木块的框中，并将框中的数值分别更改为 1 和 6

08 由于造型编号和点数是一一对应的，因此，当造型切换结束后，将"骰子 1"变量的值设置为当前造型的编号，即男巫师的骰子最终的点数。

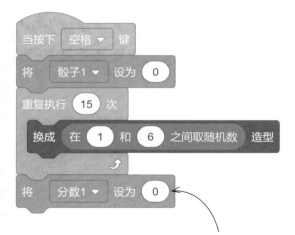

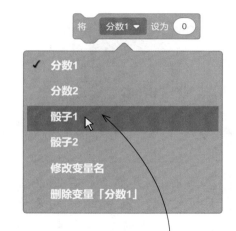

① 添加"变量"模块下的"将（分数 1）设为（）"积木块

② 单击"分数 1"右侧的下拉按钮，在展开的列表中选择"骰子 1"选项

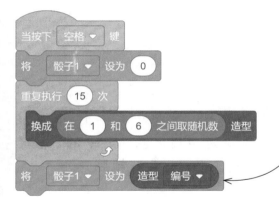

③ 将"外观"模块下的"造型（编号）"积木块拖动到"将（骰子 1）设为（）"积木块的框中

109

09 当骰子停下后，就需要比较骰子点数的大小。通过广播"比较大小"的消息，触发比较骰子点数的脚本，到这里就完成了"骰子1"角色脚本的编写。

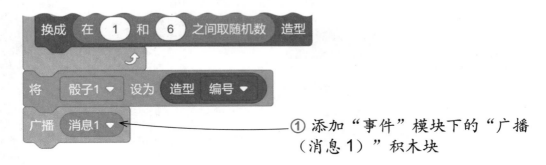

① 添加"事件"模块下的"广播（消息1）"积木块

② 单击"消息1"右侧的下拉按钮，在展开的列表中选择"新消息"选项

③ 输入新消息的名称为"比较大小"

④ 单击"确定"按钮

10 "骰子2"角色与"骰子1"角色的脚本相似，只需要将"骰子1"角色的脚本复制到"骰子2"角色上后，删除"广播（比较大小）"积木块，再将变量更改为"骰子2"即可。

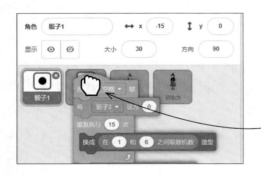

① 将编写好的"骰子1"角色的脚本拖动到角色列表中的"骰子2"角色上，复制脚本

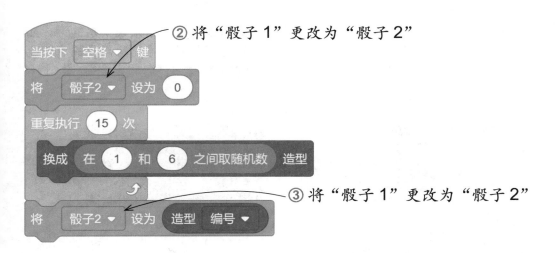

② 将"骰子1"更改为"骰子2"

③ 将"骰子1"更改为"骰子2"

11 选中"Wizard"角色，为其编写脚本。当接收到"比较大小"的消息时，开始比较"骰子1"和"骰子2"变量的大小。

① 添加"事件"模块下的"当接收到（比较大小）"积木块

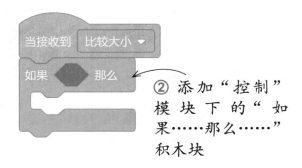

② 添加"控制"模块下的"如果……那么……"积木块

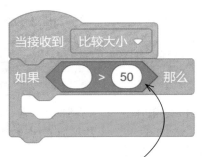

③ 将"运算"模块下的"（）>（）"积木块拖动到"如果……那么……"积木块的条件框中

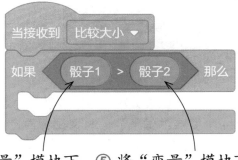

④ 将"变量"模块下的"骰子1"积木块拖动到"（）>（）"积木块的第1个框中

⑤ 将"变量"模块下的"骰子2"积木块拖动到"（）>（）"积木块的第2个框中

12 为了丰富游戏效果，可以让男巫师根据点数的比较结果说不同的话。如果男巫师的点数比女巫师的点数大，让男巫师说"哈哈哈，我的点数比你大！"，将他对应的"分数 1"变量的值增加 1。

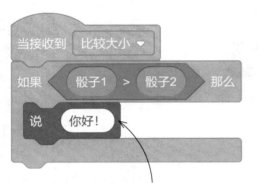

① 添加"外观"模块下的"说（你好！）"积木块

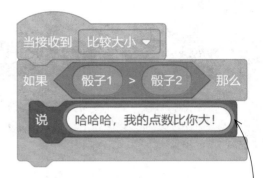

② 将"说（你好！）"积木块框中的文本更改为"哈哈哈，我的点数比你大！"

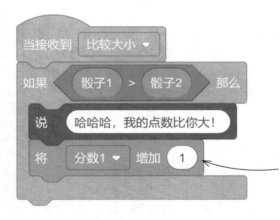

③ 添加"变量"模块下的"将（分数 1）增加（）"积木块，将框中的数值更改为 1

13 继续比较大小。如果男巫师的点数比女巫师的点数小，让男巫师说"唉，我居然输了"，将女巫师对应的"分数 2"增加 1；如果男巫师的点数与女巫师的点数一样大，让男巫师说"太可惜了，居然点数和你一样"，他们各自的分数保持不变。

① 当"骰子1"变量的值小于"骰子2"变量的值时，女巫师胜出，将"分数2"变量的值增加1

② 当"骰子1"变量的值等于"骰子2"变量的值时，男女巫师平局，分数均保持不变

14 将脚本拼接在一起。到这里，这个实例就制作完成了。

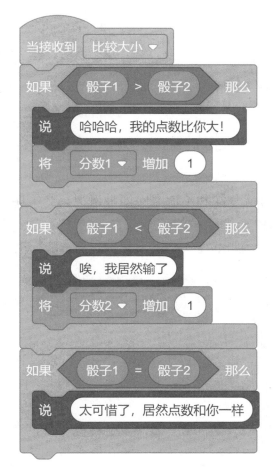

基本运算符

"运算"模块是 Scratch 中和数学结合最紧密的模块，它包含基本运算、逻辑运算等多种运算。下面就来详细介绍最为常用的基本运算积木块，包括加减乘除、除法取余、四舍五入等。

加减乘除

"加减乘除"是数学运算中最基础的四种运算方式，Scratch 中的对应积木块如下图所示。

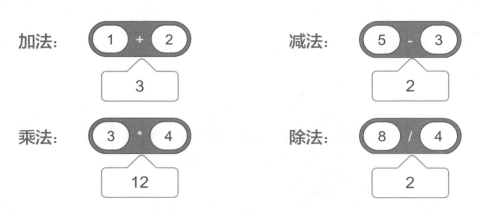

除法取余

整数的除法只有能整除和不能整除两种情况。当不能整除时，就产生了余数，即整数除法中未被除尽的部分，它的特点是大于 0 且小于除数。在 Scratch 中，除法取余使用的是"（）除以（）的余数"积木块，如下图所示。

四舍五入

Scratch 中的"四舍五入（）"积木块用于按照"四舍五入"的规则将一个小数转换为最接近的整数，具体规则为：若小数点后的第一位数小于或等于 4，则舍去小数部分，只保留整数部分，如下左图所示；若小数点后的第一位数大于或等于 5，则舍去小数部分，同时将整数部分加 1，如下右图所示。

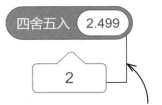 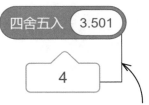

小数点后的第一位数小于或等于 4，舍去小数部分，保留整数部分　　小数点后的第一位数大于或等于 5，舍去小数部分，将整数部分加 1

动手练一练：蜗牛快快跑

　　本实例要制作的是一个考验心算速度的小游戏。在游戏过程中，舞台上有两只蜗牛在赛跑。第一只蜗牛由计算机控制，自动向终点线移动；第二只蜗牛则由玩家通过回答加法题来控制，若答对则向终点线移动，若答错则不移动。想要让第二只蜗牛获胜，玩家就必须又快又准地回答问题。

素材文件　实例文件 \ 04 \ 素材 \ 背景.png、跑道.png、蜗牛1.png、蜗牛2.png、游戏标题.png、游戏介绍.png、终点线.png

程序文件　实例文件 \ 04 \ 源文件 \ 蜗牛快快跑.sb3

01｜创建一个新的 Scratch 项目，上传自定义的背景。

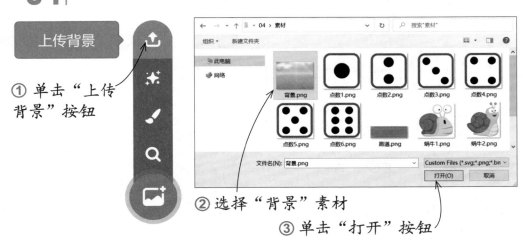

① 单击"上传背景"按钮

② 选择"背景"素材

③ 单击"打开"按钮

02 删除初始角色，上传自定义的"游戏标题"角色，并适当调整角色的位置和大小，以匹配舞台大小。

① 单击"上传角色"按钮🔼，上传"游戏标题"角色

② 设置角色参数

| 角色 | 游戏标题 | x | 2 | y | 117 |
| 👁 | ⊘ | 大小 | 60 | 方向 | 90 |

03 上传其余自定义角色，并适当修改角色的大小、位置及排列层次。

游戏介绍

| 角色 | 游戏介绍 | x | 6 | y | -33 |
| 👁 | ⊘ | 大小 | 90 | 方向 | 90 |

蜗牛1

| 角色 | 蜗牛1 | x | -180 | y | 93 |
| 👁 | ⊘ | 大小 | 30 | 方向 | 90 |

蜗牛2

| 角色 | 蜗牛2 | x | -188 | y | -20 |
| 👁 | ⊘ | 大小 | 30 | 方向 | 90 |

角色	跑道	x	0	y	8
👁 ⊘	大小	100	方向	90	

角色	终点线	x	212	y	8
👁 ⊘	大小	46	方向	90	

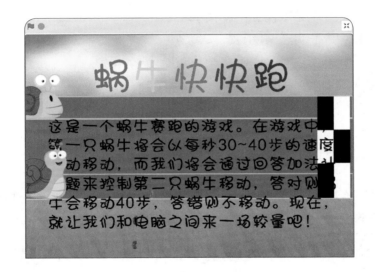

04 选中"游戏标题"角色，为角色编写脚本，实现在游戏启动时显示此角色。

① 添加"事件"模块下的"当▶被点击"积木块

② 添加"外观"模块下的"显示"积木块

05 创建"游戏开始"消息，当接收到该消息时隐藏"游戏标题"角色。

① 添加"事件"模块下的"当接收到（消息1）"积木块

③ 输入新消息的名称为"游戏开始"

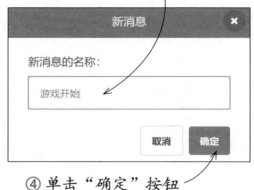

④ 单击"确定"按钮

② 单击"消息1"右侧的下拉按钮，在展开的列表中单击"新消息"选项

⑤ 添加"外观"模块下的"隐藏"积木块

06 选中"游戏介绍"角色，为角色编写脚本，实现在游戏启动时显示此角色，并等待5秒。

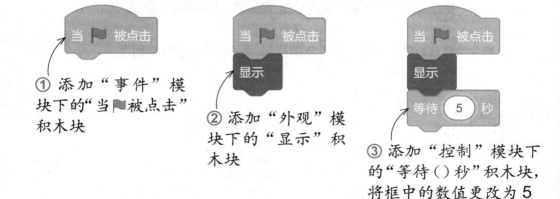

① 添加"事件"模块下的"当▶被点击"积木块

② 添加"外观"模块下的"显示"积木块

③ 添加"控制"模块下的"等待（）秒"积木块，将框中的数值更改为5

07 等待5秒后，广播"游戏开始"的消息，并隐藏"游戏介绍"角色。

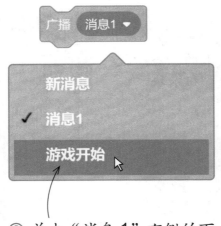

① 添加"事件"模块下的"广播(消息1)"积木块

② 单击"消息1"右侧的下拉按钮，在展开的列表中选择"游戏开始"选项

③ 添加"外观"模块下的"隐藏"积木块

08 单击 🏳 按钮，运行当前脚本，可以看到舞台上会显示"游戏标题"和"游戏介绍"角色，5 秒后，它们就会被隐藏起来。

单击 🏳 按钮

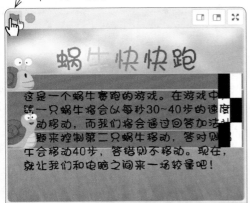

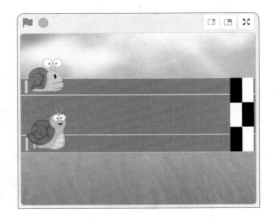

09 选中"蜗牛 1"角色，为角色编写脚本，实现在游戏刚启动时，将该角色隐藏起来，当接收到"游戏开始"的消息时再显示该角色，并将其移动到起跑线处。

① 添加"事件"
模块下的"当▶被
点击"积木块

② 添加"外观"
模块下的"隐藏"
积木块

④ 添加"外观"模
块下的"显示"积
木块

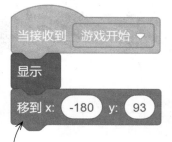

⑤ 添加"运动"模块下
的"移到 x:（-180）
y:（93）"积木块

③ 添加"事件"模块下的"当接收到（消息1）"
积木块，并选择"游戏开始"消息

10 让"蜗牛1"角色先在起跑线处等待2秒。

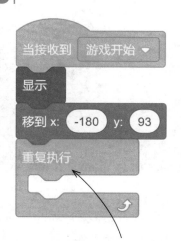

① 添加"控制"模块下的"重复
执行"积木块

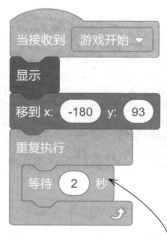

② 添加"控制"模块下的"等待（）
秒"积木块，将框中的数值更改
为2

11 在等待 2 秒后，让"蜗牛 1"角色以每秒 30 ～ 40 步的速度向舞台右侧移动。

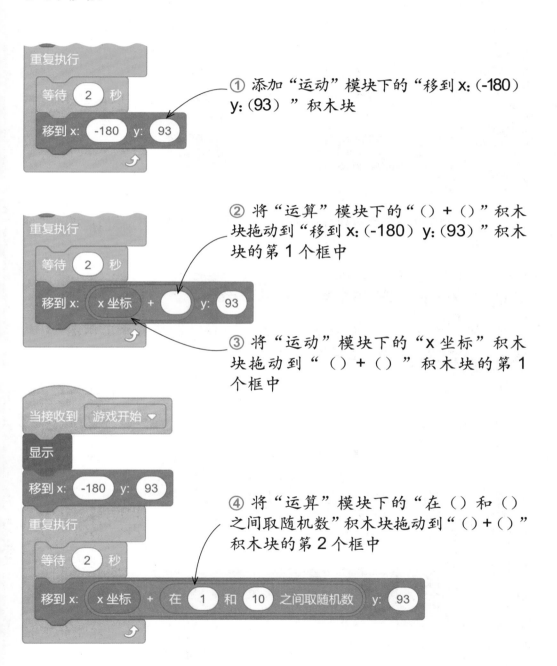

① 添加"运动"模块下的"移到 x:（-180）y:（93）"积木块

② 将"运算"模块下的"（）+（）"积木块拖动到"移到 x:（-180）y:（93）"积木块的第 1 个框中

③ 将"运动"模块下的"x 坐标"积木块拖动到"（）+（）"积木块的第 1 个框中

④ 将"运算"模块下的"在（）和（）之间取随机数"积木块拖动到"（）+（）"积木块的第 2 个框中

121

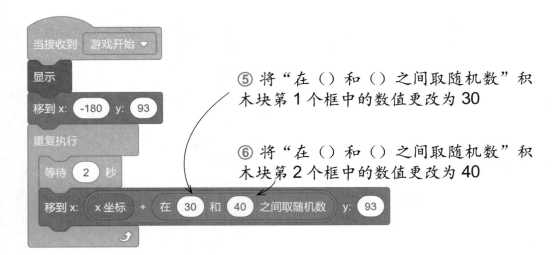

⑤ 将"在（）和（）之间取随机数"积
木块第1个框中的数值更改为30

⑥ 将"在（）和（）之间取随机数"积
木块第2个框中的数值更改为40

12 当"蜗牛1"角色向舞台右侧移动并碰到"终点线"角色时，说出"你
输了"。

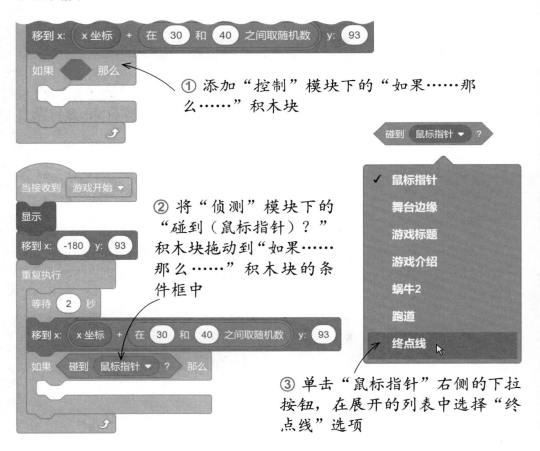

① 添加"控制"模块下的"如果……那
么……"积木块

② 将"侦测"模块下的
"碰到（鼠标指针）？"
积木块拖动到"如果……
那么……"积木块的条
件框中

③ 单击"鼠标指针"右侧的下拉
按钮，在展开的列表中选择"终
点线"选项

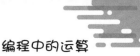

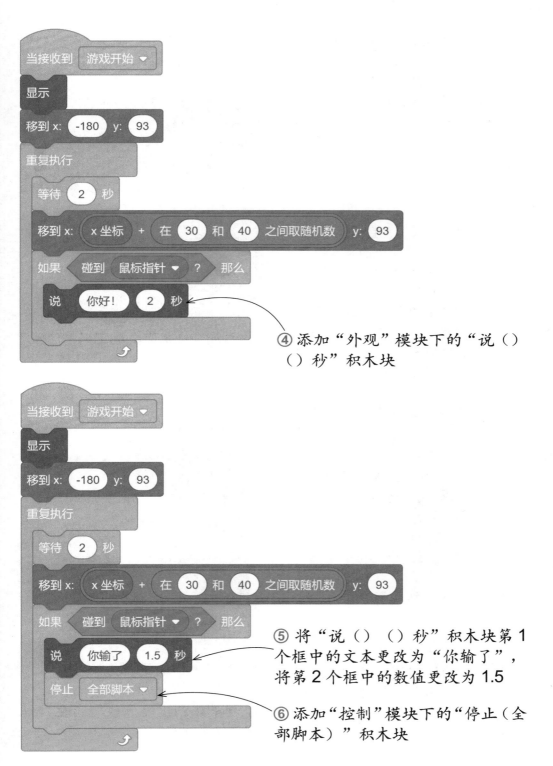

④ 添加"外观"模块下的"说（）（）秒"积木块

⑤ 将"说（）（）秒"积木块第 1 个框中的文本更改为"你输了"，将第 2 个框中的数值更改为 1.5

⑥ 添加"控制"模块下的"停止（全部脚本）"积木块

13 单击 ▶ 按钮，运行当前脚本，可以看到在游戏介绍画面消失后，"蜗牛1"角色开始从起跑线处按设置的随机步数向舞台右侧移动，当它碰到"终点线"角色时，会说出"你输了"。

14 为"蜗牛2"角色编写脚本，与"蜗牛1"角色的脚本相似，不同的是"蜗牛2"角色的移动是通过回答问题来实现的，因此，当角色接收到"移动"的消息时，从当前的x坐标值向右移动40步，直到碰到"终点线"角色。

① 添加"外观"模块下的"隐藏"积木块，在游戏开始前隐藏角色

② 当接收到"游戏开始"的消息时，显示角色

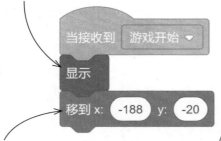

③ 将角色移动到起跑线处

④ 添加"当接收到（）"积木块，创建"移动"消息，当接收到该消息时，从当前的x坐标值向右移动40步

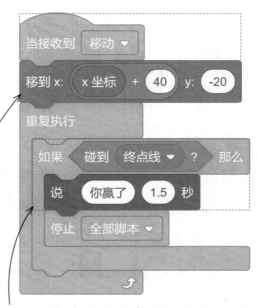

⑤ 如果碰到"终点线"角色，说出"你赢了"

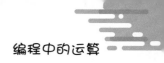

15 为"跑道"和"终点线"角色编写脚本。

① 在游戏开始前
隐藏"跑道"角色

② 当接收到"游戏开始"的
消息时，显示"跑道"角色

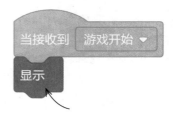

③ 在游戏开始前隐
藏"终点线"角色

④ 当接收到"游戏开始"的
消息时，显示"终点线"角色

16 为舞台背景编写脚本，实现在游戏启动时，将舞台背景切换为默认的纯
白色"背景1"。

① 单击"背景"

② 添加"事件"模
块下的"当▶被点
击"积木块

③ 添加"外观"模块下的
"换成（背景1）背景"
积木块

17 当接收到"游戏开始"的消息时，切换到上传的"背景2"背景。

① 添加"事件"模块下的"当接收到（游戏开始）"积木块

② 添加"外观"模块下的"换成（背景1）背景"积木块

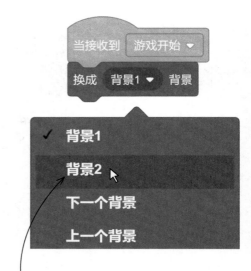

③ 单击"背景1"右侧的下拉按钮，在展开的列表中选择"背景2"选项

18 创建"数字1"和"数字2"变量，分别用于存储加法算式中的两个加数。

① 单击"建立一个变量"按钮

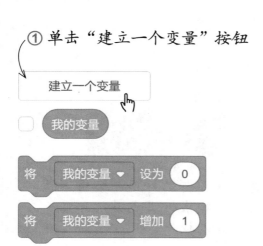

② 输入新变量名为"数字1"

③ 单击"建立一个变量"按钮

④ 输入新变量名为"数字 2"

⑤ 取消勾选变量前的复选框，不在舞台上显示变量

19 设置加法算式中第一个数的范围为 0 ～ 20 之间的随机数。

① 添加"控制"模块下的"重复执行"积木块

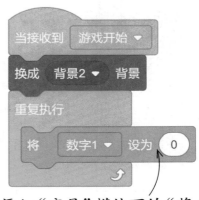

② 添加"变量"模块下的"将（数字 1）设为（ ）"积木块

③ 将"运算"模块下的"在（ ）和（ ）之间取随机数"积木块拖动到"将（数字 1）设为（ ）"积木块的框中

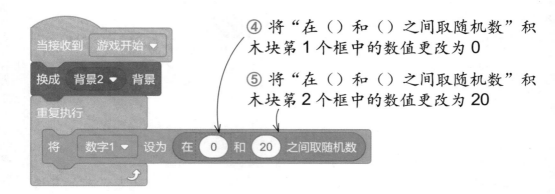

④ 将"在（）和（）之间取随机数"积木块第 1 个框中的数值更改为 0

⑤ 将"在（）和（）之间取随机数"积木块第 2 个框中的数值更改为 20

20 设置加法算式中第二个数的范围为 0 ～ 20 之间的随机数。

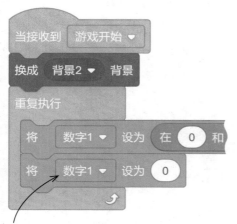

① 添加"变量"模块下的"将（数字 1）设为（）"积木块

② 单击"数字 1"右侧的下拉按钮，在展开的列表中选择"数字 2"选项

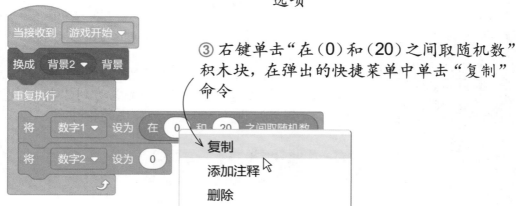

③ 右键单击"在（0）和（20）之间取随机数"积木块，在弹出的快捷菜单中单击"复制"命令

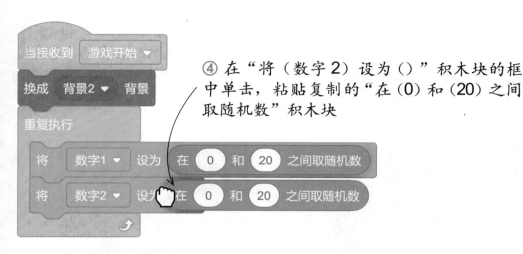

④ 在"将（数字2）设为（）"积木块的框中单击，粘贴复制的"在（0）和（20）之间取随机数"积木块

21 通过询问的方式显示完整的加法算式，并等待玩家输入答案。

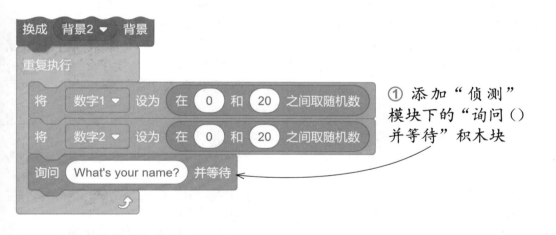

① 添加"侦测"模块下的"询问（）并等待"积木块

② 将"运算"模块下的"连接（）和（）"积木块拖动到"询问（）并等待"积木块的框中

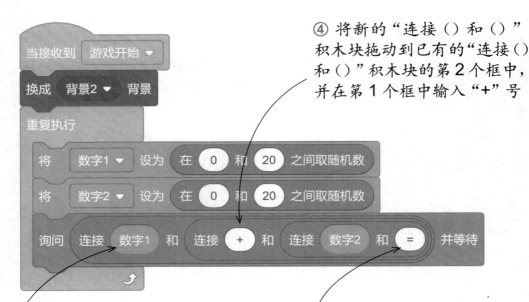

④ 将新的"连接（）和（）"积木块拖动到已有的"连接（）和（）"积木块的第2个框中，并在第1个框中输入"+"号

③ 将"变量"模块下的"数字1"积木块拖动到"连接（）和（）"积木块的第1个框中

⑤ 将新的"连接（）和（）"积木块拖动到第2次添加的"连接（）和（）"积木块的第2个框中，在第1个框中添加"变量"模块下的"数字2"积木块，在第2个框中输入"="号

22 将"数字1"和"数字2"相加，算出加法算式的答案。

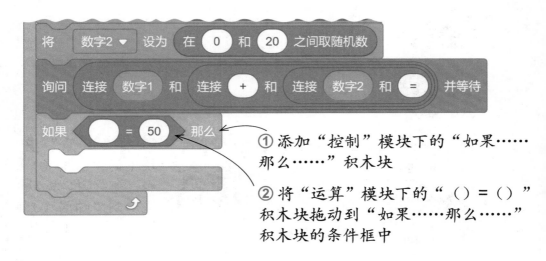

① 添加"控制"模块下的"如果……那么……"积木块

② 将"运算"模块下的"（）=（）"积木块拖动到"如果……那么……"积木块的条件框中

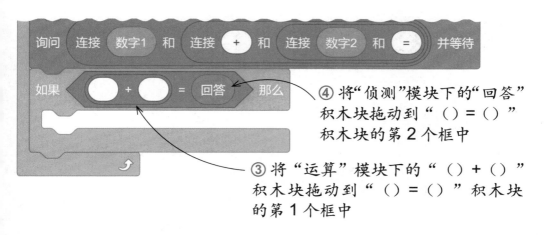

④ 将"侦测"模块下的"回答"积木块拖动到"（）＝（）"积木块的第 2 个框中

③ 将"运算"模块下的"（）＋（）"积木块拖动到"（）＝（）"积木块的第 1 个框中

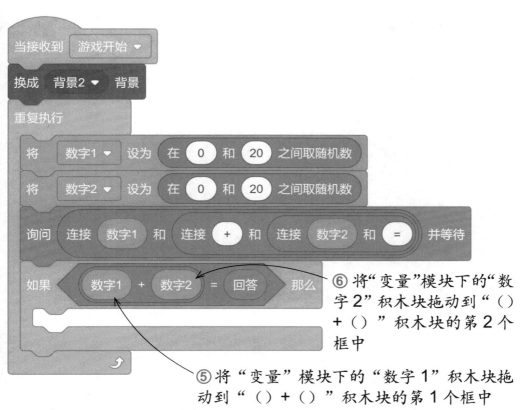

⑥ 将"变量"模块下的"数字 2"积木块拖动到"（）＋（）"积木块的第 2 个框中

⑤ 将"变量"模块下的"数字 1"积木块拖动到"（）＋（）"积木块的第 1 个框中

23 如果玩家输入的答案正确，则广播"移动"的消息，让"蜗牛 2"角色向舞台右侧移动指定步数。

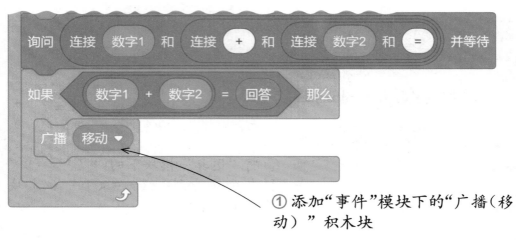

① 添加"事件"模块下的"广播（移动）"积木块

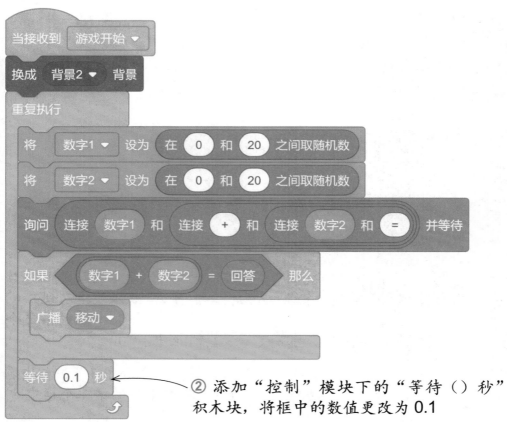

② 添加"控制"模块下的"等待（）秒"积木块，将框中的数值更改为 0.1

24 到这里，这个实例就制作完成了。单击 ▶ 按钮，运行脚本，测一测自己的心算速度吧。

单击 ▶ 按钮

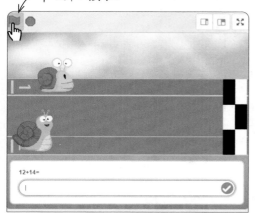
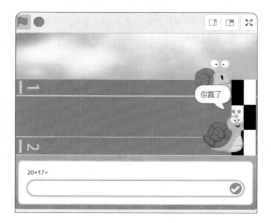

列表的基本操作

　　当我们需要存储多个数据时，可以创建多个变量，每个变量存储一个数据，但如果数据很多，操作起来就会显得非常烦琐。为了解决这个问题，Scratch为我们提供了列表功能。

　　列表可以看成是分隔开的多个存储空间，每个空间中都可以存储一个数据，在编程时，还可以根据需要调用、添加、删除和修改列表中的数据。这样会比使用单个变量简便很多。

　　列表的创建、删除和重命名方法与变量相同，这里不再讲解。下面讲解添加、删除和修改列表中的元素的方法。

列表元素的添加

　　在列表中，可以自由地添加元素，所有添加的元素将按照添加的顺序依次存储在列表中。列表元素的添加有两种方法：一种是利用脚本添加，另一种是在列表中直接添加。下面分别进行详细介绍。

　　方法1 利用脚本添加。创建一个新列表"购物清单"，并将其显示在舞台上。然后编写并运行一次如下左图所示的脚本，列表中便会存储如下右图所示的元素。

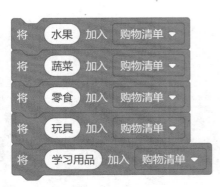

② 列表中添加
了脚本中指定
的元素

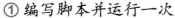

① 编写脚本并运行一次

方法② **在列表中直接添加。** 单击列表左下角的 + 按钮，列表中会出现一个空白输入框，如下左图所示，这时便可以直接输入需要添加的元素，如下中图所示。如果要添加的元素不止一个，可在第一个元素输入完毕后按 Enter 键，列表中便会自动出现第二个输入框，如下右图所示，依次类推。

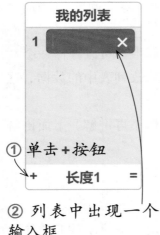

② 列表中出现一个
输入框

③ 在输入框中输入
"1"，然后单击任
意空白处，即可完成
元素的添加

④ 若要添加的元素
不止一个，在输入完
毕后按 Enter 键，即
可显示第 2 个输入框

列表元素的删除

列表元素的删除有两种情况：一种是删除列表中的某个元素，另一种是删除列表中的所有元素。删除列表元素有两种方法：一种是利用脚本删除，另一种是直接在列表中删除。

134

方法1 利用脚本删除。创建一个新列表"我的列表"，在新列表中依次添加元素"1""2""3""4""5"，如下左图所示。先使用"删除（我的列表）的第（）项"积木块，在框中输入3，单击运行积木块，如下中图所示；列表中的第3项，即"3"这个元素被删除，效果如下右图所示。

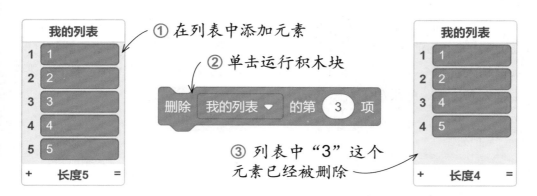

再使用"删除（我的列表）的全部项目"积木块，如下图所示，单击运行后，"我的列表"中的所有元素都被删除，如右图所示。

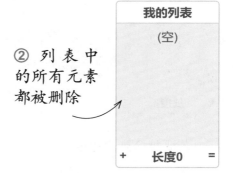

方法2 直接在列表中删除元素。单击列表中的元素，会出现输入框和☒按钮，单击☒按钮，如下左图所示，即可删除元素，效果如下右图所示。

列表元素的修改

除了元素的添加和删除，还可以通过脚本修改列表中的元素。可以在某个元素前面插入一个新的元素，或者将某个元素替换为另一个元素。下面一起看看具体的操作方法。

现在"我的列表"中有"1""2""3"3个元素，如下左图所示。若要在元素"2"的前面插入一个新的元素"4"，使用"在（我的列表）的第（2）项前插入（4）"积木块，如下中图所示。单击运行积木块后，在"我的列表"中插入新元素，效果如下右图所示。

① 开始时，列表里只有3个元素

② 在元素"2"前面插入一个元素"4"

③ 列表中多了一个元素"4"

若要替换列表中的某个元素，可以使用"将（我的列表）的第（）项替换为（）"积木块。使用"将（我的列表）的第（4）项替换为（5）"积木块，如下左图所示。单击运行积木块，在"我的列表"中替换元素，效果如下右图所示。

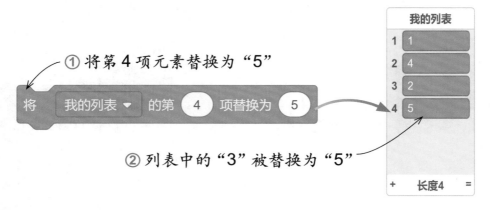

① 将第4项元素替换为"5"

② 列表中的"3"被替换为"5"

🦠 动手练一练：找出最小数

在生活中，我们经常会使用到列表，如购物小票上的商品清单、全班的考试成绩单等，都是列表。下面来制作一个关于列表使用的程序——寻找列表中最小的那个数。在制作的时候，先创建"按序数"和"最小数"两个变量，然后建立"随机数据"列表，向列表中输入数值，最后编写脚本，找出列表中最小的数值。

素材文件 ▷ 无

程序文件 ▷ 实例文件 \ 04 \ 源文件 \ 找出最小数.sb3

01 创建一个新的 Scratch 项目。找出最小数一般会采用两两比较的方式，因此，创建变量"按序数"和"最小数"，前者用于存储列表中每一个参与比较的数的编号，后者用于存储每次比较得到的最小数。

① 单击"建立一个变量"按钮

② 输入新变量名为"按序数"

④ 输入新变量名为"最小数"

新建变量 ✕
新变量名:
按序数
● 适用于所有角色　○ 仅适用于当前角色
取消　**确定**

③ 单击"确定"按钮

新建变量 ✕
新变量名:
最小数
● 适用于所有角色　○ 仅适用于当前角色
取消　**确定**

⑤ 单击"确定"按钮

02 创建一个名为"随机数据"的列表，创建列表后，舞台中将显示空列表。

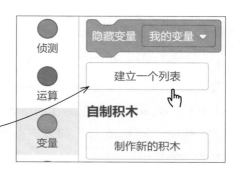

① 单击"建立一个列表"按钮

② 输入新的列表名为"随机数据"

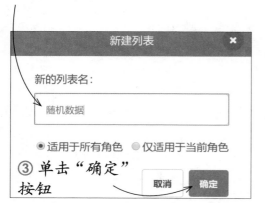

③ 单击"确定"按钮

④ 在舞台上显示"随机数据"空列表

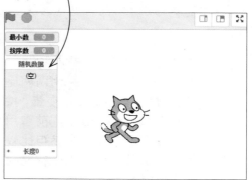

03 通过单击列表中的 + 按钮，依次在列表中添加 5 个元素。

② 输入数值 28

① 单击+按钮添加数据

③ 依次输入另外几个数值

138

04 由于目前并不知道列表中的最小数是多少，所以在脚本刚开始运行时，先假设列表中的第 1 个数为最小数。

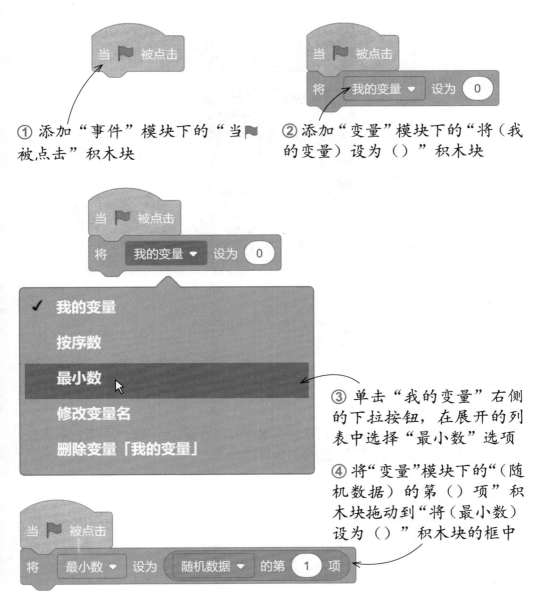

① 添加"事件"模块下的"当 ▶ 被点击"积木块

② 添加"变量"模块下的"将（我的变量）设为（）"积木块

③ 单击"我的变量"右侧的下拉按钮，在展开的列表中选择"最小数"选项

④ 将"变量"模块下的"（随机数据）的第（）项"积木块拖动到"将（最小数）设为（）"积木块的框中

05 由于列表中的第 1 个数被设置成最小数，所以参与比较的数从列表的第 2 个数开始。

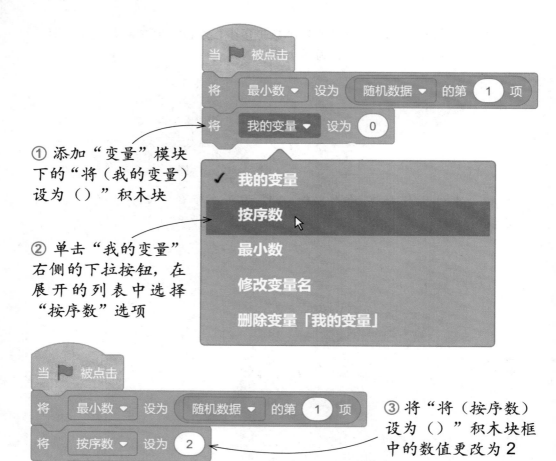

① 添加"变量"模块下的"将（我的变量）设为（）"积木块

② 单击"我的变量"右侧的下拉按钮，在展开的列表中选择"按序数"选项

③ 将"将（按序数）设为（）"积木块框中的数值更改为 2

06 接下来使用限次循环两两比较列表中的所有数，由于第 1 个数已被排除，所以将比较次数设置为列表的项目数减 1。

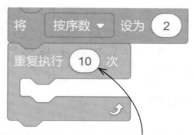

① 添加"控制"模块下的"重复执行（）次"积木块

② 将"运算"模块下的"（）-（）"积木块拖动到"重复执行（）次"积木块的框中

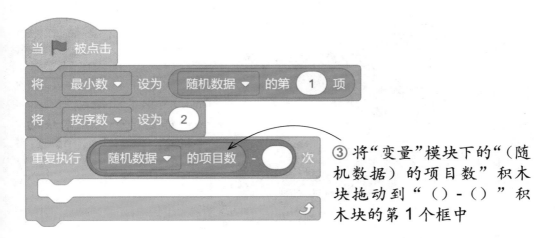

③ 将"变量"模块下的"(随机数据)的项目数"积木块拖动到"()-()"积木块的第 1 个框中

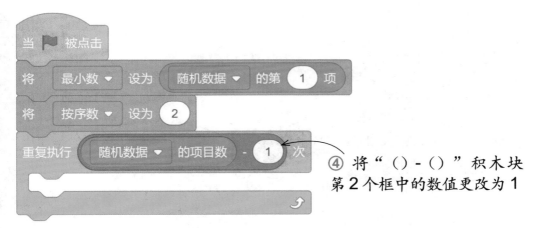

④ 将"()-()"积木块第 2 个框中的数值更改为 1

07 接下来是整个程序的核心：从列表中的第 2 个数开始，依次将每个数与当前的最小数进行比较。

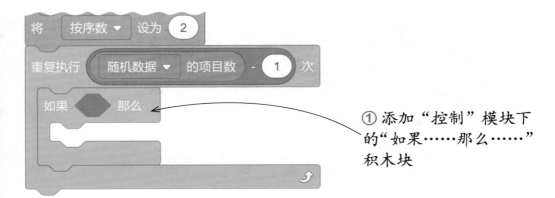

① 添加"控制"模块下的"如果……那么……"积木块

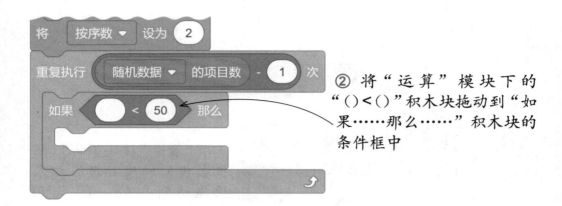

② 将"运算"模块下的"（）<（）"积木块拖动到"如果……那么……"积木块的条件框中

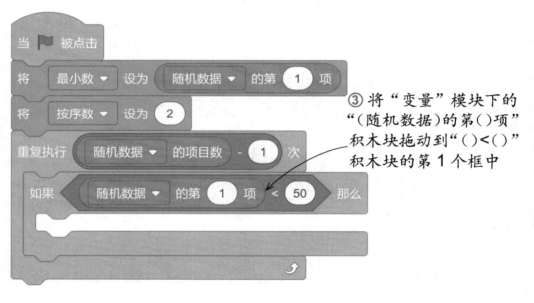

③ 将"变量"模块下的"（随机数据）的第（）项"积木块拖动到"（）<（）"积木块的第 1 个框中

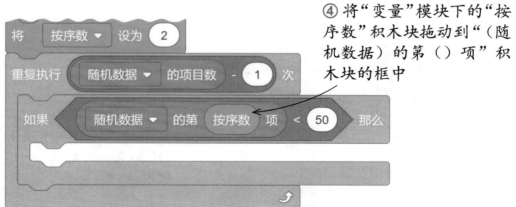

④ 将"变量"模块下的"按序数"积木块拖动到"（随机数据）的第（）项"积木块的框中

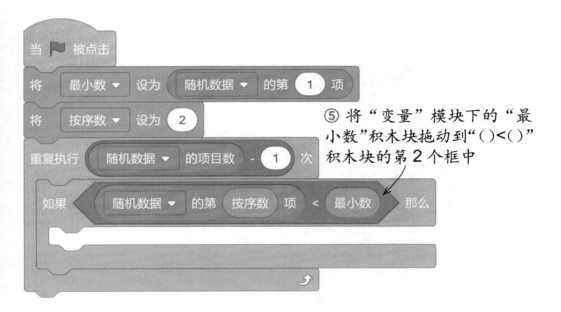

⑤ 将"变量"模块下的"最小数"积木块拖动到"( )<( )"积木块的第 2 个框中

08 如果列表中当前参与比较的数比当前的最小数小，那么就用这个数去替换当前的最小数。

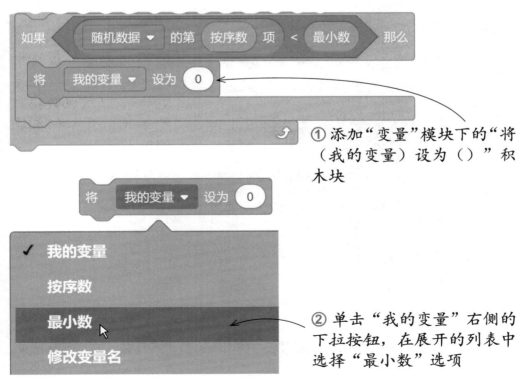

① 添加"变量"模块下的"将（我的变量）设为（）"积木块

② 单击"我的变量"右侧的下拉按钮，在展开的列表中选择"最小数"选项

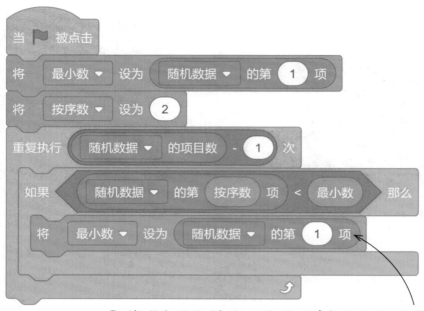

③ 将"变量"模块下的"（随机数据）的第（）项"积木块拖动到"将（最小数）设为（）"积木块的框中

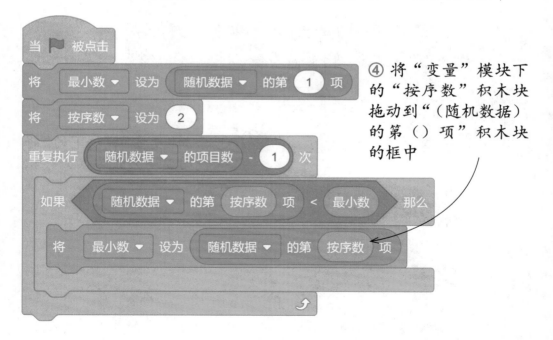

④ 将"变量"模块下的"按序数"积木块拖动到"（随机数据）的第（）项"积木块的框中

09 继续用比较得到的最小数和列表中的下一个数进行比较，直到循环结束。

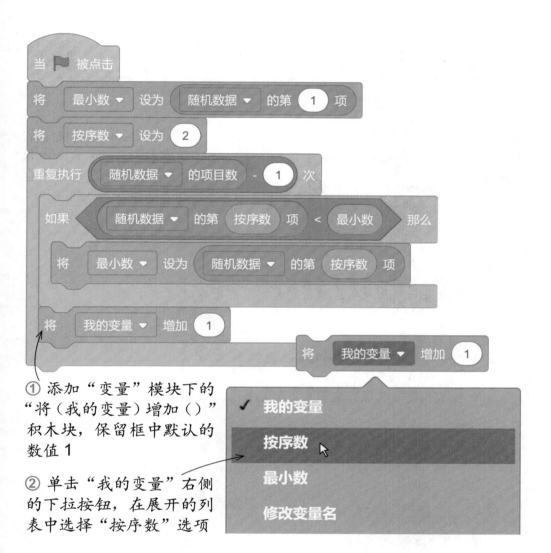

① 添加"变量"模块下的
"将（我的变量）增加（ ）"
积木块，保留框中默认的
数值 1

② 单击"我的变量"右侧
的下拉按钮，在展开的列
表中选择"按序数"选项

10 让小猫说出找到的最小数。

① 添加"外观"模块下的
"说（ ）"积木块

② 将"运算"模块下的 "连接（）和（）"积 木块拖动到"说（）"积 木块的框中

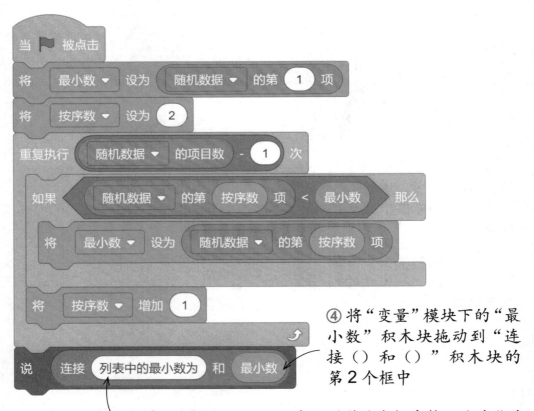

④ 将"变量"模块下的"最 小数"积木块拖动到"连 接（）和（）"积木块的 第2个框中

③ 在"连接（）和（）"积木块的第1个框中输入文本"列 表中的最小数为"

11 单击 🏳 按钮运行脚本，小猫会说出"列表中的最小数为19"。

① 最后找到的最小数为 19

② 由于从第 2 项开始比较，所以最后"按序数"变量的值为 6

③ 小猫说出"列表中的最小数为 19"

05

拓展与延伸

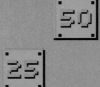

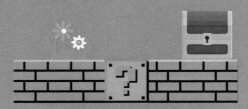

自制积木块

在 Scratch 中，不仅可以使用 Scratch 提供的积木块，还可以自己设计积木块，这就要用到 Scratch 的"自制积木"模块。使用"自制积木"模块，我们可以创建一个新的积木块，这个新积木块的功能和用法都可以自己设置。

自制积木块的含义

Scratch 提供的各个积木块可以看成是一段完整的程序，它们都是由一串代码封装而成的。举例来说，如下图所示，对于"1+2"的运算，我们在 Scratch 中会使用"运算"模块下的"（）+（）"积木块来完成。可是，为什么这个积木块能执行将两个数相加这个操作呢？实际上，相加的操作是由这个积木块中封装的程序代码来执行的，只是这些程序代码我们看不见罢了。

小提示

所谓封装，就是把某些程序代码进行整合，形成一个包。这个包具有通用性，在编程时可以直接调用。

自制积木块的本质也是如此，只不过它其中封装的不是程序代码，而是现有的积木块。积木块的组合和封装，则是由我们自己按照编程的需求进行的。如右图所示是一个名为"反复移动"的自制积木块及定义该积木块的积木组，这个积木块实现的功能是让角色在舞台上来回移动。自制积木块和现有积木块一样，可以在编程时反复使用。

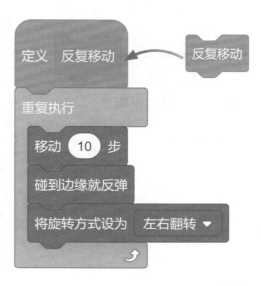

149

自制积木块的作用

自制积木块的作用主要有三方面：简化编程的步骤；缩短脚本的长度；自由创造我们想要的积木块。

作用1 化繁为简。使用自制积木块可以简化烦琐的编程工作。如果把积木块都组合成一整块脚本，不仅繁杂，而且不好区分各个部分的具体功能，一旦出现错误也不方便检查。使用自制积木块则能将整个脚本化繁为简。

作用2 缩短长度。我们可以利用自制积木块缩短脚本的长度。例如，现在要编写让角色跟随我们按下的方向键移动的脚本。右图所示的脚本为常规写法，直接将所有控制角色移动的积木块连接在一起，脚本长度较长；下图所示为利用自制积木块编写的脚本，用自制积木块将脚本拆分，但是主脚本很短，且简单明了。

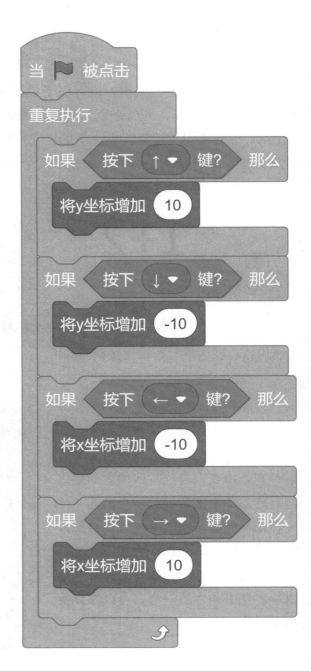

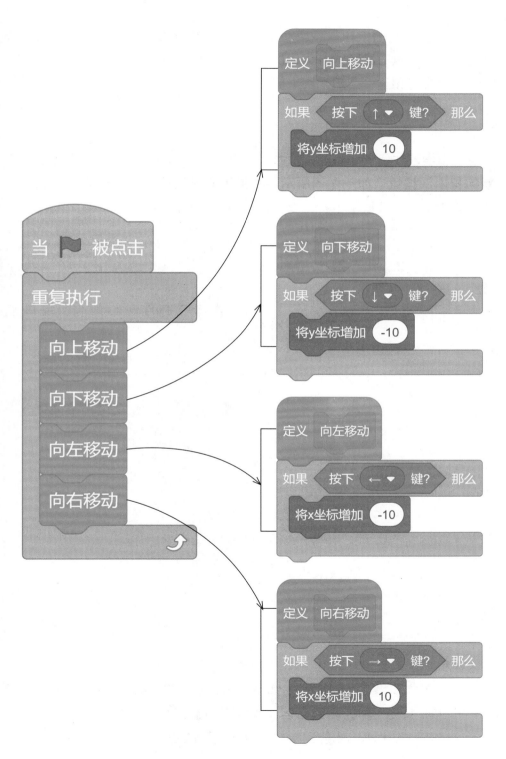

作用3 自由创造。在很多游戏中，角色会具有跳跃功能。一般来说，跳跃功能都是采用重力跳跃的方式，但 Scratch 中没有重力跳跃相关的积木块，此时就可以自己创建一个积木块来使用。

自制积木块的创建

下面来学习如何创建自制积木块。单击"自制积木"模块，然后单击"制作新的积木"按钮，如下左图所示；在弹出的对话框中输入自制积木块的名称"新的积木"，最后单击"完成"按钮，如下右图所示。

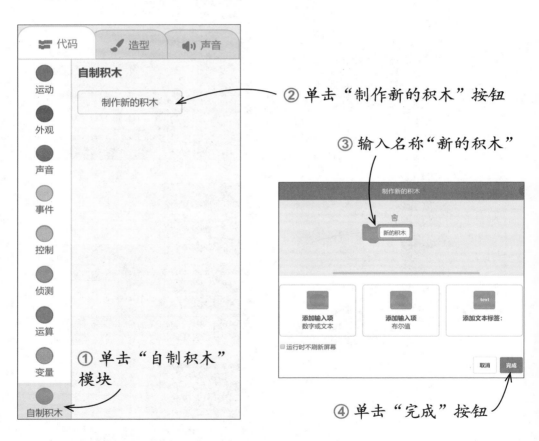

这样积木区右侧就出现了一个"新的积木"积木块，脚本区则出现了一个"定义（新的积木）"积木块，如下图所示。"新的积木"积木块的调用方式与其他积木块一样。我们需要在脚本区内的"定义（新的积木）"积木块下方连接其他积木块，才能定义其真正要实现的功能。

🐾 动手练一练：美妙音乐会

本实例将通过自定义积木块实现自动演奏音乐的效果。在制作时，利用"自制积木"模块分别定义"第一句""第二句""第三句""第四句"4个自制积木块，然后在积木块下分别设置每一句要演奏的音符和节拍，最后通过调用这4个自制积木块，完成音乐的自动演奏。

素材文件 实例文件 \ 05 \ 素材 \ 演奏者.png

程序文件 实例文件 \ 05 \ 源文件 \ 美妙音乐会.sb3

01 创建一个新的 Scratch 项目，添加背景库中的"Spotlight"背景。

02 删除初始角色，上传自定义的"演奏者"角色，并调整角色的位置和大小，以匹配舞台大小。

① 单击"上传角色"按钮

② 调整角色的位置和大小

③ 查看添加的"演奏者"角色

03 利用"自制积木"模块创建"第一句"自制积木块，用于定义要演奏的第一句的音符和节拍。

① 单击"自制积木"模块下的"制作新的积木"按钮

② 输入积木名"第一句"

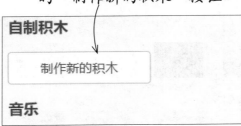

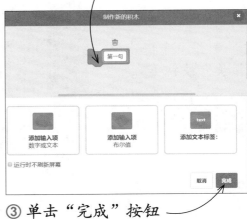

③ 单击"完成"按钮

④ 脚本区出现"定义（第一句）"积木块

04 在积木区单击左下角的"添加扩展"按钮，添加"音乐"扩展模块。利用"音乐"扩展模块下的"演奏音符（）（）拍"积木块，设置演奏的音符和节拍。

① 添加"音乐"扩展模块下的"演奏音符（）（）拍"积木块

② 单击"演奏音符（）（）拍"积木块的第 1 个框

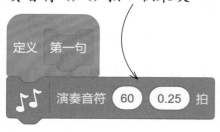

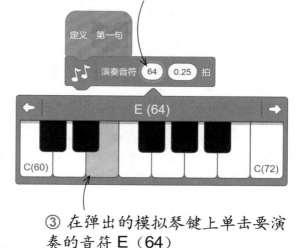

③ 在弹出的模拟琴键上单击要演奏的音符 E（64）

④ 在"演奏音符（）（）拍"积木块的第 2 个框中输入数值 1

05 复制"演奏音符（）（）拍"积木块，并调整演奏的音符和节拍。

② 在弹出的快捷菜单中选择"复制"命令

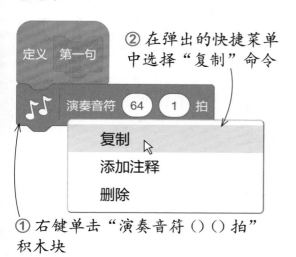

① 右键单击"演奏音符（）（）拍"积木块

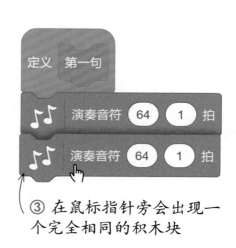

③ 在鼠标指针旁会出现一个完全相同的积木块

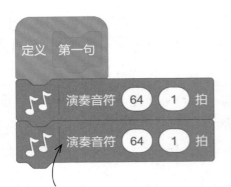

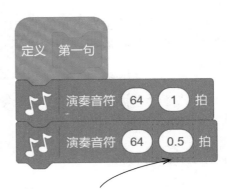

④ 在原积木块下方单击，粘贴复制的积木块

⑤ 将复制积木块第 2 个框中的数值更改为 0.5

06 复制出更多的"演奏音符（）（）拍"积木块，并根据要演奏的音乐，分别调整演奏的音符和节拍。

① 注意音符的变化

② 注意节拍的变化

07 自制"第二句"积木块，用于定义要演奏的第二句的音符和节拍。

① 单击"自制积木"模块下的"制作新的积木"按钮

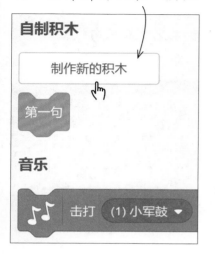

② 输入积木名"第二句"

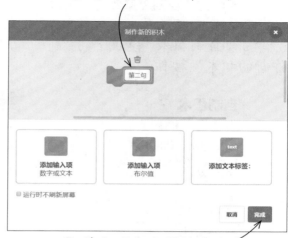

③ 单击"完成"按钮

④ 脚本区出现"定义（第二句）"积木块

⑤ 添加多个"音乐"扩展模块下的"演奏音符（）（）拍"积木块，并调整演奏的音符和节拍

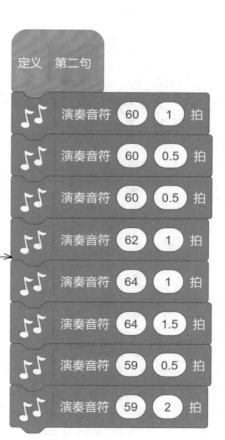

157

08 自制"第三句"积木块，用于定义要演奏的第三句的音符和节拍。使用相同方法自制"第四句"积木块。

① 单击"自制积木"模块下的"制作新的积木"按钮

② 输入积木名"第三句"

③ 单击"完成"按钮

④ 脚本区出现"定义（第三句）"和"定义（第四句）"积木块

⑤ 添加多个"音乐"扩展模块下的"演奏音符（）（）拍"积木块，并调整演奏的音符和节拍

09 当单击 ▶ 按钮时，开始演奏音乐。先将演奏的乐器设置为电钢琴。

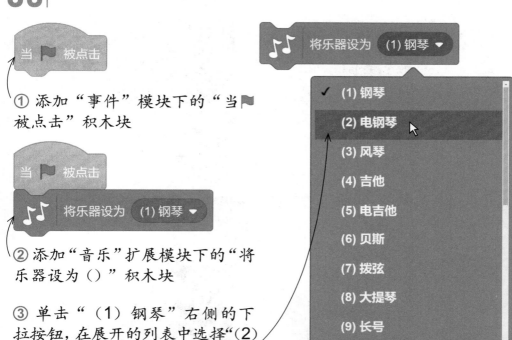

① 添加"事件"模块下的"当▶被点击"积木块

② 添加"音乐"扩展模块下的"将乐器设为（）"积木块

③ 单击"（1）钢琴"右侧的下拉按钮，在展开的列表中选择"（2）电钢琴"选项

10 将演奏的速度设置为快速，让演奏以活泼、轻快的方式进行。

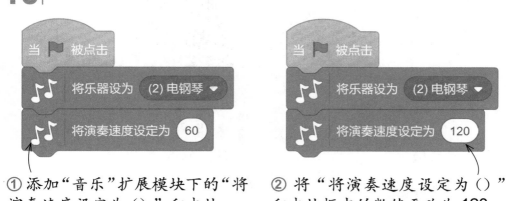
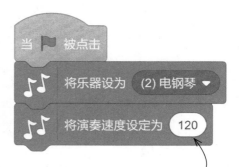

① 添加"音乐"扩展模块下的"将演奏速度设定为（）"积木块

② 将"将演奏速度设定为（）"积木块框中的数值更改为 120

11 添加自制积木块，依次演奏出乐曲的第一句、第二句、第三句和第四句。到这里，这个实例就制作完成了。

① 添加"自制积木"模块下的"第一句"积木块

② 添加"自制积木"模块下的"第二句"积木块

③ 添加"自制积木"模块下的"第三句"积木块

④ 添加"自制积木"模块下的"第四句"积木块

"画笔"扩展模块

在 Scratch 中，可以使用"画笔"扩展模块下的积木块在舞台上绘画。舞台中的每一个角色都有一支看不见的画笔，这支画笔有"落下"和"抬起"

两种状态。在画笔处于"落下"状态时移动角色，画笔就会按照设置的属性在舞台上绘制出轨迹；反之，在画笔处于"抬起"状态时移动角色，画笔不会在舞台上留下任何轨迹。

画笔的调用

要使用画笔绘画，需要先添加"画笔"扩展模块。单击积木区左下角的"添加扩展"按钮，如下左图所示，在弹出的"选择一个扩展"界面中单击"画笔"扩展模块，如下右图所示，就能添加该模块。

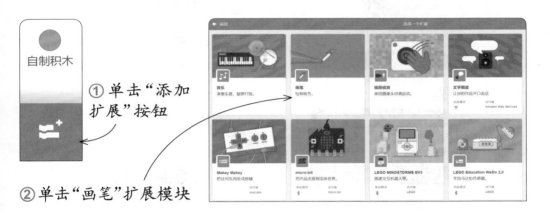

① 单击"添加扩展"按钮

② 单击"画笔"扩展模块

与绘图区的"画笔"有所不同，"画笔"扩展模块是一系列用于在舞台上绘画的积木块。需要将这些积木块在脚本区进行组合，运行后才能实现画笔绘制的效果。如右图所示为"画笔"扩展模块和该模块下的所有积木块。

"画笔"扩展模块下的积木块

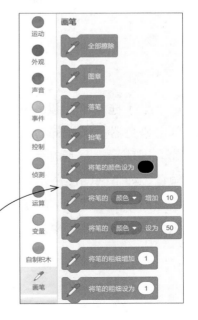

设置画笔颜色

　　使用画笔绘画前，首先需要设置画笔的颜色，相应的积木块为"将笔的颜色设为（）"。单击该积木块右侧的色块，如下左图所示，会打开拾色器面板，再拖动"颜色""饱和度""亮度"下方的滑块，即可设置画笔的颜色，如下右图所示。如果要设置黑色，可设置饱和度为0、亮度为0；如果要设置白色，可设置饱和度为0、亮度为100。

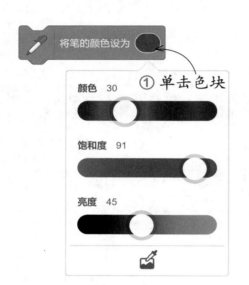

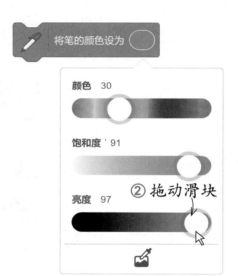

　　除了拖动滑块设置颜色，还可以单击拾色器面板底部的"吸管工具"，如右图所示，然后在舞台上单击吸取颜色，如下两幅图所示。吸取完毕后，该颜色会出现在"将笔的颜色设为（）"积木块右侧的色块中。

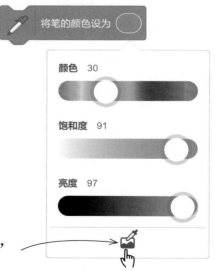

② 单击吸取颜色

③ 显示吸取的颜色

如果想要在脚本中增加画笔的颜色值，可以使用"将笔的（颜色）增加（）"积木块。例如，如下左图所示的脚本可让角色画出如下右图所示的渐变颜色的线条。

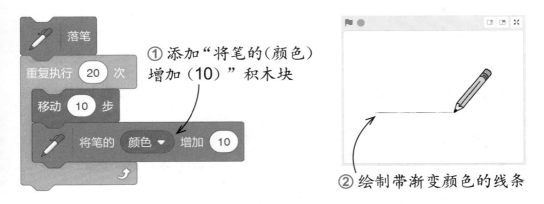

① 添加"将笔的（颜色）增加（10）"积木块

② 绘制带渐变颜色的线条

如果想要在脚本中精确指定画笔颜色，可使用"将笔的（颜色）设为（）"积木块，只需要在积木块的框中输入 0 ～ 99 之间的整数，就能根据数值将画笔设置为对应的颜色，例如，0 是红色，30 是绿色，60 是蓝色等，如下面几幅图所示。

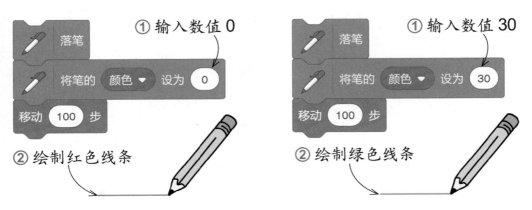

① 输入数值 0

② 绘制红色线条

① 输入数值 30

② 绘制绿色线条

① 输入数值 60

② 绘制蓝色线条

设置画笔粗细

应用画笔绘画时，除了需要设置画笔的颜色，有时还需要设置画笔的粗细，相应的积木块为"将笔的粗细设为（）"。画笔粗细的单位是像素，默认值为1，此时用画笔绘制出的线条较细，如下左图所示。若要调整画笔粗细，则根据需要更改积木块框中的数值，输入的数值越大，画笔就越粗。将数值更改为5时绘制的线条粗细如下右图所示。

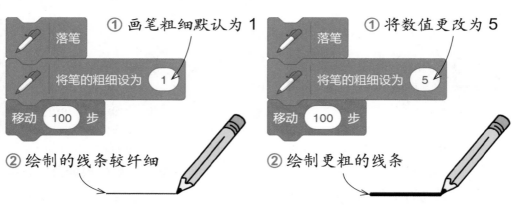

① 画笔粗细默认为 1

② 绘制的线条较纤细

① 将数值更改为 5

② 绘制更粗的线条

如果想要在脚本中增大画笔的粗细，可以使用"将笔的粗细增加（）"积木块。如右图所示，使用"将笔的粗细增加（1）"积木块为角色编写脚本，绘制出的线条逐渐变粗。在积木块的框中输入更大的数值，就可以让绘制出的线条更快地变粗。

② 绘制出的线条逐渐变粗

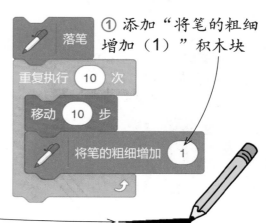

① 添加"将笔的粗细增加（1）"积木块

使用"画笔"扩展模块中的积木块绘制图案后，如果对绘制效果不满意，需要重新绘制，可以单击"画笔"扩展模块中的"全部擦除"积木块。

动手练一练：魔幻万花尺

使用万花尺可以绘制千变万化的美丽图案。本实例就来在 Scratch 中模拟万花尺的绘制效果。在编写脚本时，利用"将笔的粗细设为（）"积木块和"将笔的（颜色）增加（）"积木块，调整画笔的粗细和颜色，然后利用"重复执行（）次"积木块，不断旋转和移动画笔，绘制出图案。

素材文件 实例文件 \ 05 \ 素材 \ 画笔与画框.svg

程序文件 实例文件 \ 05 \ 源文件 \ 魔幻万花尺.sb3

01 创建一个新的 Scratch 项目，上传自定义的"画笔与画框"背景。

02 删除初始角色，创建"小圆点 1"角色，作为绘画脚本的载体，在舞台上完成绘制。使用"圆"工具绘制角色造型，然后调整绘制角色的位置和大小。注意绘制圆形的圆心要尽量与绘图区画布的中心点重合。

① 单击"绘制"按钮🖌

绘制

② 单击"圆"工具

③ 设置填充颜色：72、饱和度：60、亮度：100

④ 按住 Shift 键单击并拖动，绘制圆形

⑤ 输入角色名"小圆点 1"，输入角色的 x、y 坐标值

| 角色 | 小圆点1 | | x | -120 | y | 40 |

| | | 大小 | 100 | 方向 | -165 |

03 为"小圆点 1"角色编写脚本。当单击▶按钮时，将"小圆点 1"角色隐藏起来，擦除舞台中已绘制的图案，并抬起画笔。

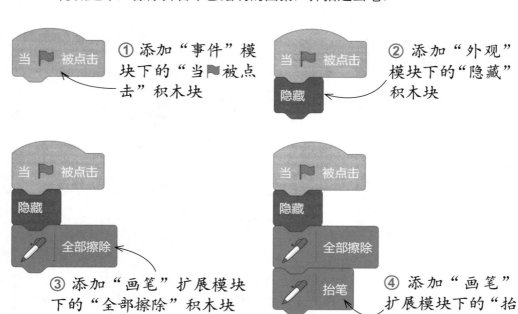

① 添加"事件"模块下的"当▶被点击"积木块

② 添加"外观"模块下的"隐藏"积木块

③ 添加"画笔"扩展模块下的"全部擦除"积木块

④ 添加"画笔"扩展模块下的"抬笔"积木块

166

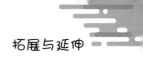

04 广播"开始绘制"的消息，向角色发出开始绘制的指令。

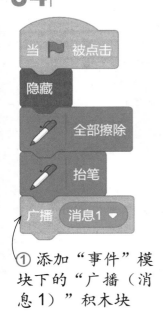

① 添加"事件"模块下的"广播（消息1）"积木块

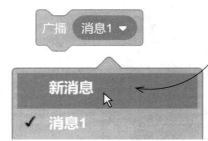

② 单击"消息1"右侧的下拉按钮，在展开的列表中选择"新消息"选项

③ 输入新消息的名称为"开始绘制"

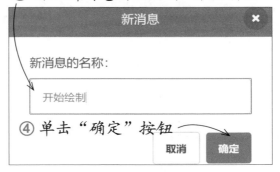

④ 单击"确定"按钮

05 当"小圆点1"角色接收到"开始绘制"的消息时，将角色移动到舞台中间位置并确定角色面向的方向。

① 添加"事件"模块下的"当接收到（消息1）"积木块

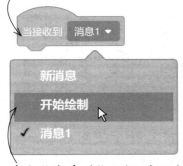

② 单击"消息1"右侧的下拉按钮，在展开的列表中选择"开始绘制"选项

③ 添加"运动"模块下的"移到x:（-120）y:（40）"积木块

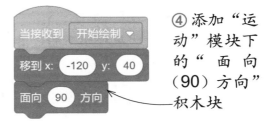

④ 添加"运动"模块下的"面向（90）方向"积木块

167

06 将画笔的粗细设置为合适的大小。

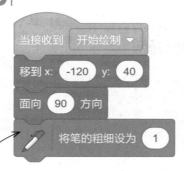

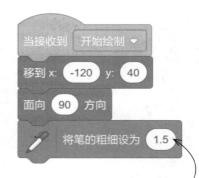

① 添加"画笔"扩展模块下的"将笔的粗细设为（）"积木块

② 将"将笔的粗细设为（）"积木块框中的数值更改为 1.5

07 通过重复移动角色绘制图案。先将画笔状态更改为"落笔"，再设置画笔颜色。

① 添加"控制"模块下的"重复执行（）次"积木块

② 将"重复执行（）次"积木块框中的数值更改为 15

④ 添加"画笔"扩展模块下的"将笔的（颜色）增加（）"积木块

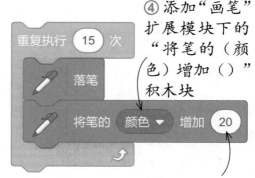

③ 添加"画笔"扩展模块下的"落笔"积木块

⑤ 把"将笔的（颜色）增加（）"积木块框中的数值更改为 20

08 通过重复移动和旋转"小圆点 1"角色，在舞台上绘制圆形。

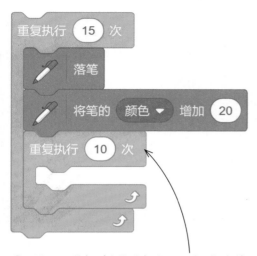

① 添加"控制"模块下的"重复执行（）次"积木块

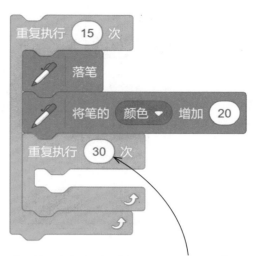

② 将"重复执行（）次"积木块框中的数值更改为 30

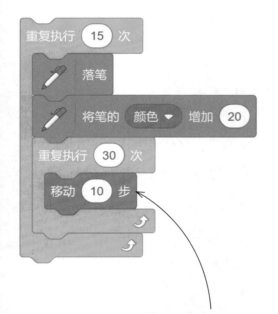

③ 添加"运动"模块下的"移动（10）步"积木块

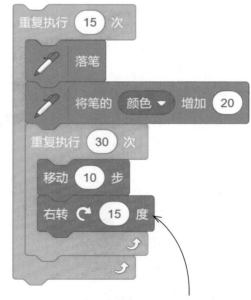

④ 添加"运动"模块下的"右转（15）度"积木块

09 单击 ▶ 按钮，运行当前脚本，发现绘制的圆形会重叠在一起，位于上层的圆形会遮挡位于下层的圆形。

单击 🚩 按钮

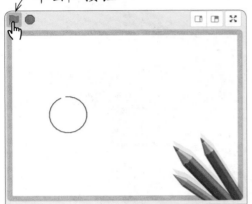

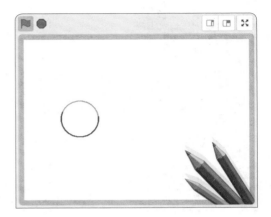

10 为了让画笔在不同的位置绘制出同等大小的圆形，需要抬起画笔，更改画笔的角度，再通过移动角色绘制。

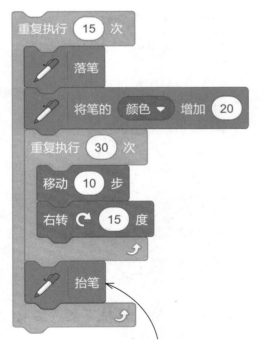

① 添加"画笔"扩展模块下的"抬笔"积木块

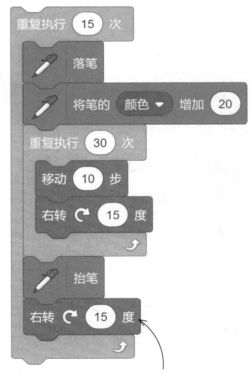

② 添加"运动"模块下的"右转（ ）度"积木块

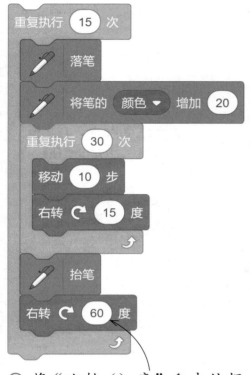

③ 将"右转（）度"积木块框中的数值更改为 60

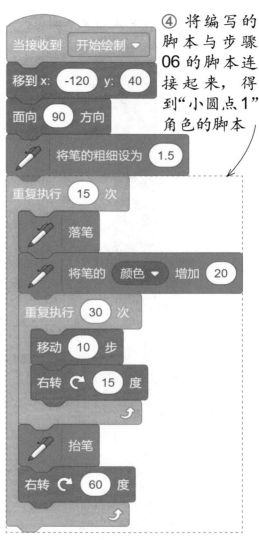

④ 将编写的脚本与步骤 06 的脚本连接起来，得到"小圆点1"角色的脚本

11 单击 🏳 按钮，运行当前脚本，可以看到当绘制完一个圆形后，将会在另一处起笔绘制，各个圆形不再重叠在一起。

12 为绘制出不同的万花尺图案，下面再使用"圆"工具绘制"小圆点 2"角色。

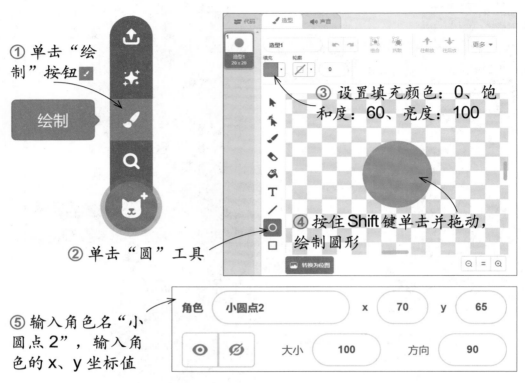

① 单击"绘制"按钮

② 单击"圆"工具

③ 设置填充颜色：0、饱和度：60、亮度：100

④ 按住 Shift 键单击并拖动，绘制圆形

⑤ 输入角色名"小圆点 2"，输入角色的 x、y 坐标值

角色　小圆点2　　x　70　　y　65

大小　100　　方向　90

13 选中"小圆点 2"角色，为角色编写脚本。"小圆点 2"角色脚本与"小圆点 1"角色脚本相似，为了加快编写脚本的速度，可以使用之前"忙碌的蝴蝶"中介绍的在角色之间复制脚本的方法，将"小圆点 1"角色的脚本复制到"小圆点 2"角色上，再适当修改"小圆点 2"角色的脚本，如重复执行的次数、角色移动的步数等。

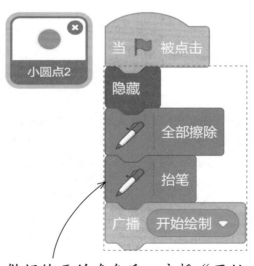

做好绘画的准备后，广播"开始绘制"的消息

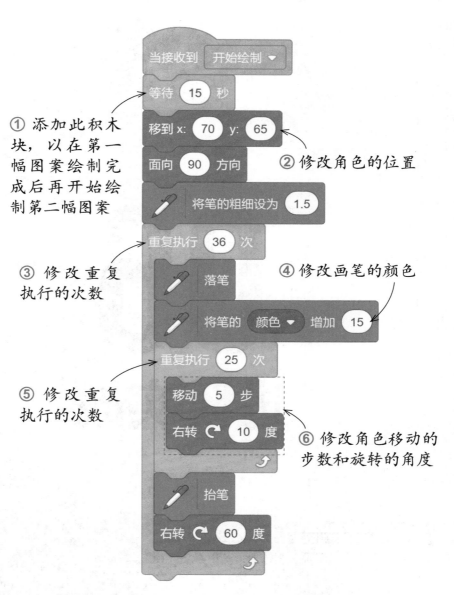

① 添加此积木块，以在第一幅图案绘制完成后再开始绘制第二幅图案

当接收到　开始绘制　▼

等待　15　秒

移到 x:　70　y:　65

② 修改角色的位置

面向　90　方向

将笔的粗细设为　1.5

重复执行　36　次

③ 修改重复执行的次数

落笔

④ 修改画笔的颜色

将笔的　颜色　▼　增加　15

重复执行　25　次

⑤ 修改重复执行的次数

移动　5　步

右转　10　度

⑥ 修改角色移动的步数和旋转的角度

抬笔

右转　60　度

14 单击 ▶ 按钮，运行脚本，可以看到在舞台左侧绘制好一幅图案后，将继续在舞台右侧绘制另一幅不同的图案。到这里，这个实例就制作完成了。

06

进阶实战

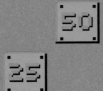

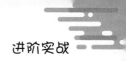

热闹的森林聚会

本实例要制作一个热闹的森林聚会动画。动画以森林作为舞台背景，舞台上有蝴蝶、鹦鹉、狮子、蛇、蚱蜢、瓢虫等各种动物角色，通过为这些角色添加"运动""外观""声音"模块中的多个积木块，让它们在舞台上活动起来，并发出欢快的声音。

素材文件 无

程序文件 实例文件 \ 06 \ 源文件 \ 热闹的森林聚会.sb3

01 创建一个新的 Scratch 项目，添加背景库中的"Forest"（森林）背景。

① 单击"选择一个背景"按钮

选择一个背景

② 选择"Forest"背景

02 添加角色库中的"Grasshopper"（蚱蜢）角色。

② 单击"动物"分类

① 单击"选择一个角色"按钮

选择一个角色

③ 选择"Grasshopper"角色

175

03 删除初始角色，然后修改"Grasshopper"角色名称为"蚱蜢"，并修改角色大小。

① 单击 ✖ 删除初始角色

② 修改角色名称及大小

04 修改"蚱蜢"角色的坐标值为（-160，-140），使它位于舞台的左下角，看起来就像是趴在草地上一样。

① 修改坐标值

② 查看蚱蜢的位置

05 为"蚱蜢"角色编写脚本。当单击 ▶ 按钮时，让"蚱蜢"角色在舞台上反复不停地运动。

① 添加"事件"模块下的"当 ▶ 被点击"积木块，设置角色脚本运行的触发条件

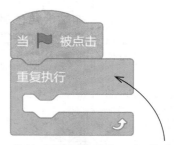

② 添加"控制"模块下的"重复执行"积木块

06 让"蚱蜢"角色在舞台上移动，碰到舞台边缘时还能够调转方向，实现在舞台中左右来回移动的效果。

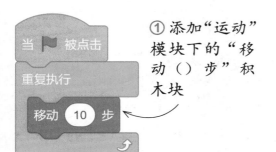

① 添加"运动"模块下的"移动（）步"积木块

② 将"移动（）步"积木块框中的数值更改为 2

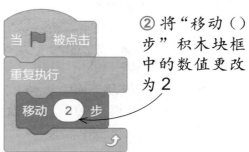

③ 添加"运动"模块下的"碰到边缘就反弹"积木块，让角色在碰到舞台边缘时，能够调转方向继续移动

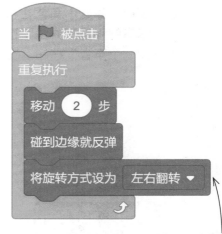

④ 添加"运动"模块下的"将旋转方式设为（左右翻转）"积木块，让角色在改变方向时保持自身的正向

07 为了让"蚱蜢"角色显得更灵动，可以在移动角色的同时让其不断切换造型，并通过添加等待时间，按照自然界中蚱蜢的特性控制造型的切换速度。

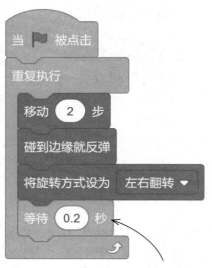

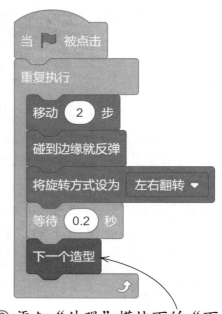

① 添加"控制"模块下的"等待（）秒"积木块，将框中的数值更改为 0.2

② 添加"外观"模块下的"下一个造型"积木块

08 现在要让"蚱蜢"角色在移动的同时发出声音。展开"声音"选项卡，将鼠标指针移至下方的"选择一个声音"按钮上，在展开的列表中单击"选择一个声音"按钮，在弹出的界面中选择"Crickets"声音。

② 单击"动物"分类

① 单击"选择一个声音"按钮

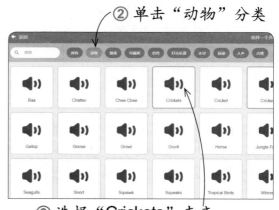

③ 选择"Crickets"声音

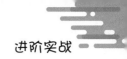

09 通过编写脚本，让"蚱蜢"角色在移动的同时发出"Crickets"声音。

① 单击"代码"标签

② 添加"声音"模块下的"播放声音（Crickets）"积木块

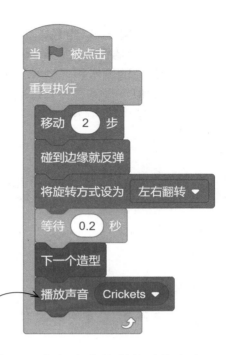

当 ▶ 被点击

重复执行

移动 2 步

碰到边缘就反弹

将旋转方式设为 左右翻转 ▼

等待 0.2 秒

下一个造型

播放声音 Crickets ▼

10 为了呈现更热闹的舞台效果，再添加一些角色库中的其他动物角色。下面依次给出这些角色的参数设置（大小和坐标值等）及脚本。首先是"蝴蝶"角色，其大小设为 50，坐标值设为（50，100）。"蝴蝶"角色的脚本和"蚱蜢"角色的脚本类似，需要修改每次移动的步数为 1，并删除播放声音的积木块。

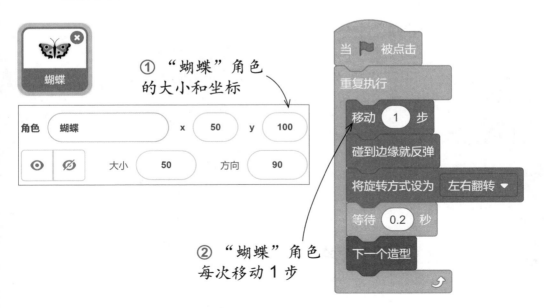

① "蝴蝶"角色的大小和坐标

| 角色 | 蝴蝶 | x | 50 | y | 100 |

大小 50　方向 90

② "蝴蝶"角色每次移动 1 步

当 ▶ 被点击

重复执行

移动 1 步

碰到边缘就反弹

将旋转方式设为 左右翻转 ▼

等待 0.2 秒

下一个造型

11 接着是"狮子"角色，大小设为100，坐标值设为（110，-20）。"狮子"角色的脚本和"蝴蝶"角色的脚本类似，只需要将其每次移动的步数更改为3。

① "狮子"角色的大小和坐标

② "狮子"角色每次移动 3 步

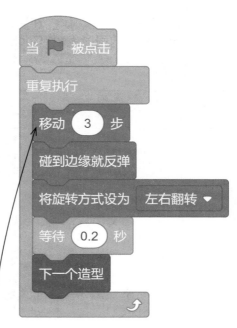

12 接着是"瓢虫"角色，大小设为50，坐标值设为（-160，-140）。"瓢虫"角色的脚本和"蚱蜢"角色的脚本类似，不同的是"瓢虫"角色每次移动的步数为 1，发出的声音为"Chirp"。

② "瓢虫"角色每次移动 1 步

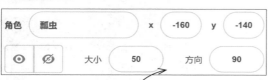

① "瓢虫"角色的大小和坐标

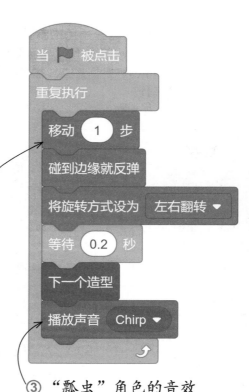

③ "瓢虫"角色的音效

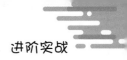

13 然后是"蛇"角色，大小设为 60，坐标值设为（-130，-30）。"蛇"角色的脚本和"蝴蝶"角色的脚本类似，不同的是"蛇"角色每次移动的步数为 2。

① "蛇"角色的大小和坐标

角色	蛇		x	-130	y	-30
👁 ⌀		大小	60		方向	90

② "蛇"角色每次移动 2 步

当 🏳 被点击

重复执行

移动 2 步

碰到边缘就反弹

将旋转方式设为 左右翻转 ▼

等待 0.2 秒

下一个造型

14 最后是"鹦鹉"角色，大小设为 60，坐标值设为（-130，-30）。"鹦鹉"角色的脚本和"蚱蜢"角色的脚本类似，只需要将声音更改为"Bird"。

① "鹦鹉"角色的大小和坐标

角色	鹦鹉		x	-130	y	-30
👁 ⌀		大小	60		方向	90

③ "鹦鹉"角色的音效

② "鹦鹉"角色每次移动 2 步

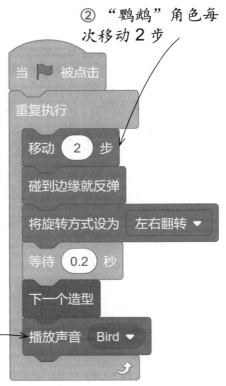

当 🏳 被点击

重复执行

移动 2 步

碰到边缘就反弹

将旋转方式设为 左右翻转 ▼

等待 0.2 秒

下一个造型

播放声音 Bird ▼

15 单击 ▶ 按钮，运行脚本，热闹的森林场景就呈现在舞台上。到这里，这个实例就制作完成了。

时钟转转转

本实例要制作一个时钟动画，在舞台上显示一个时钟，实时显示当前时间。在制作过程中，应用"造型"选项卡下的"圆""矩形""文本"等工具绘制出"表盘""时针""分针"角色，利用"侦测"模块下的积木块获取当前时间，再利用"运算"模块下的积木块计算出时针和分针旋转的角度，实现实时的时间展示。

素材文件 ▶ 无

程序文件 ▶ 实例文件 \06\ 源文件 \ 时钟转转转 .sb3

01 创建一个新的 Scratch 项目，删除初始角色，开始绘制"表盘"角色，并将"表盘"角色移到舞台中央。

③ 设置填充颜色：0、饱和度：0、亮度：100，设置轮廓颜色：0、饱和度：0、亮度：36，输入轮廓粗细：20

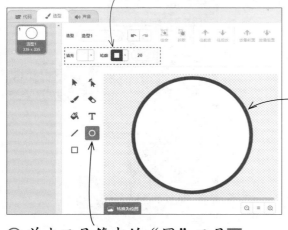

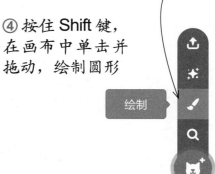

① 在"选择一个角色"列表中单击"绘制"按钮 🖌

④ 按住 Shift 键，在画布中单击并拖动，绘制圆形

② 单击工具箱中的"圆"工具 ◯

⑤ 设置角色名称和位置参数

02 继续为"表盘"角色绘制中心点，更改填充颜色为颜色：0、饱和度：0、亮度：17，并去除轮廓线。在大圆中的适当位置输入对应的刻度数字，将数字的颜色设置为黑色。

④ 设置填充颜色：0、饱和度：100、亮度：0

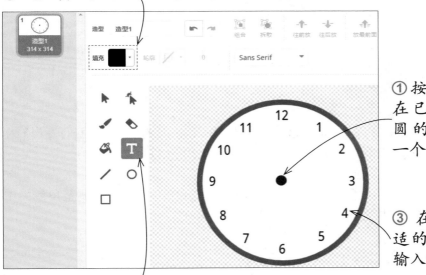

① 按住 Shift 键，在已绘制的大圆的中心绘制一个小圆

③ 在大圆中合适的位置单击，输入刻度数字

② 单击工具箱中的"文本"工具 T

03 用"矩形"工具绘制新角色。

② 设置颜色：0、饱和度：0、亮度：17

① 单击工具箱中的"矩形"工具 □

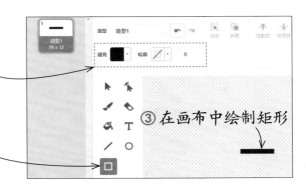

③ 在画布中绘制矩形

04 将角色命名为"时针"，再调整"时针"角色的位置，使其在舞台上看起来就像是被固定在表盘上。

① 单击工具箱中的"选择"工具

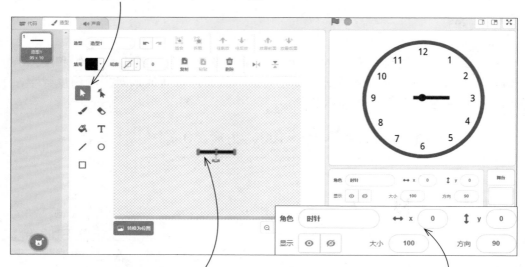

② 选中并移动矩形，使绘图区中心点在矩形中位于偏左的位置

③ 输入角色名为"时针"，输入 x 和 y 均为 0

05 参照"时针"角色的绘制方法，绘制出"分针"角色，并调整角色的中心点位置和角色在舞台上的位置。

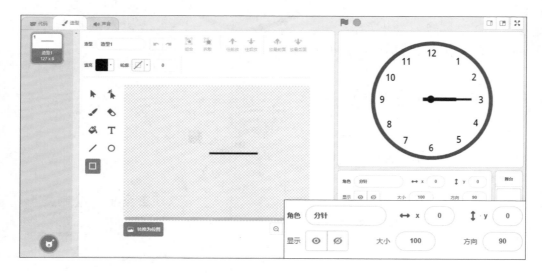

184

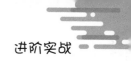

06 添加背景库中的"Blue Sky 2"纯色背景。

07 选中"时针"角色,通过编写脚本,计算出时针的指向。

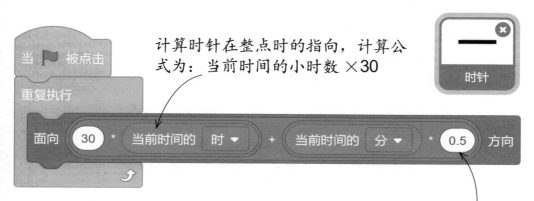

计算时针在整点时的指向,计算公式为:当前时间的小时数 ×30

计算时针在每分钟的指向,因为时针旋转一圈(360°)需要 12 小时 ×60 分钟 =720 分钟,可知每分钟时针旋转 0.5°,所以计算公式为:当前时间的分钟数 ×0.5

08 选中"分针"角色,通过编写脚本,计算出分针的指向。运行程序后,随着系统时间的推移,分针和时针会进行转动,需要耐心等待。

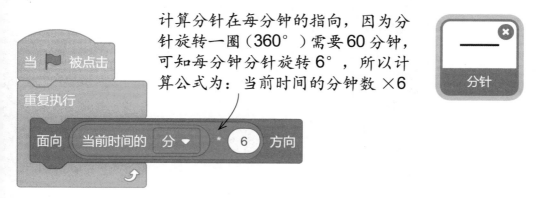

计算分针在每分钟的指向,因为分针旋转一圈(360°)需要 60 分钟,可知每分钟分针旋转 6°,所以计算公式为:当前时间的分钟数 ×6

185

英语对对碰

本实例要制作一个将图像和英语单词配对的游戏。在游戏过程中，舞台上会显示 3 种动物的图像和对应的英语单词，玩家需要将单词拖动到对应的动物图像上进行匹配，当所有单词和图像都匹配正确时便获胜。

素材文件 实例文件 \ 06 \ 素材 \ 游戏名字.png、游戏介绍.png、胜利背景.png、狮子.png、熊.png、熊猫.png

程序文件 实例文件 \ 06 \ 源文件 \ 英语对对碰.sb3

01 创建一个新的 Scratch 项目，将背景名称更改为"游戏介绍背景"，并为背景填充橘黄色。

② 单击"背景"标签

③ 输入背景名称"游戏介绍背景"

④ 设置填充颜色: 11、饱和度: 66、亮度: 100

① 单击背景

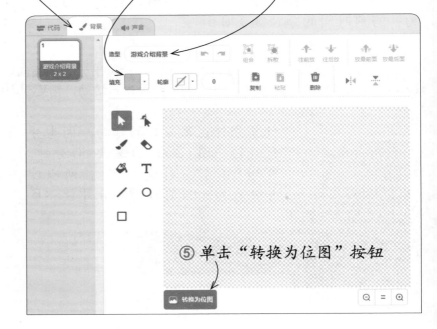

⑤ 单击"转换为位图"按钮

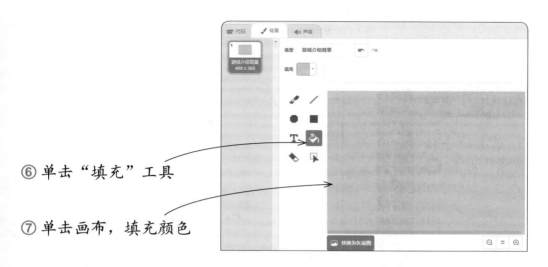

⑥ 单击"填充"工具

⑦ 单击画布，填充颜色

02 添加背景库中的"Blue Sky"背景，将背景名称更改为"答题背景"，将此背景作为答题时的背景图像。

① 单击"选择一个背景"按钮

② 选择"Blue Sky"背景

③ 输入背景名称为"答题背景"

03 上传自定义的"胜利背景"。

② 选择"胜利背景"素材

① 单击"上传背景"按钮

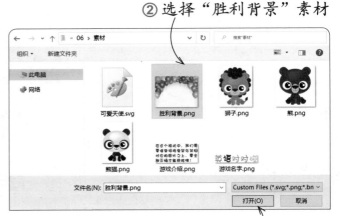

③ 单击"打开"按钮

04 在"背景"选项卡下编辑"胜利背景"，输入文字"YOU WIN!"，然后在背景列表中选择"游戏介绍背景"。

② 设置填充颜色：6、饱和度：75、亮度：100

④ 单击"选择"工具

① 单击"文本"工具

③ 输入英文"YOU WIN!"

⑤ 选中英文，拖动文本框，放大英文

05 处理好背景图像后，接下来为背景编写脚本。先创建一个"分数"变量，用于统计匹配正确的单词数量。

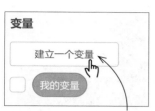

① 单击"建立一个变量"按钮

④ 取消勾选,隐藏变量

② 输入新变量名"分数"

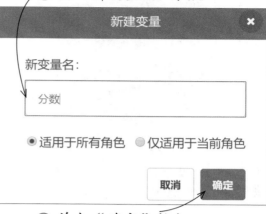

③ 单击"确定"按钮

06 当单击▶按钮时,将"分数"变量的值设置为 0。

① 添加"事件"模块下的"当▶被点击"积木块

② 添加"变量"模块下的"将(分数)设为(0)"积木块

07 通过等待玩家将所有单词拖动到正确的动物图片上,直到分数变为 3。

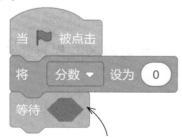

① 添加"控制"模块下的"等待()"积木块

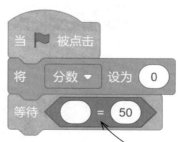

② 将"运算"模块下的"()=()"积木块拖动到"等待()"积木块的条件框中

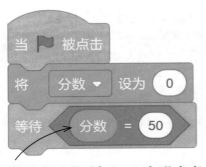 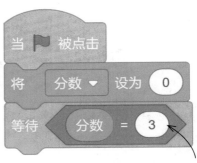

③ 将"变量"模块下的"分数"积木块拖动到"（）=（）"积木块的第 1 个框中

④ 将"（）=（）"积木块第 2 个框中的数值更改为 3

08 当"分数"变量的值变为 3 时，玩家获胜，广播"游戏结束"的消息，通知所有角色结束游戏。

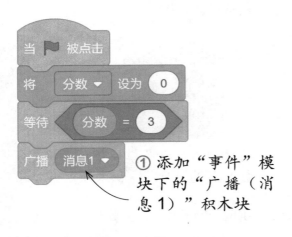

① 添加"事件"模块下的"广播（消息 1）"积木块

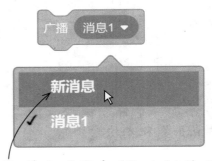

② 单击"消息 1"右侧的下拉按钮，在展开的列表中选择"新消息"选项

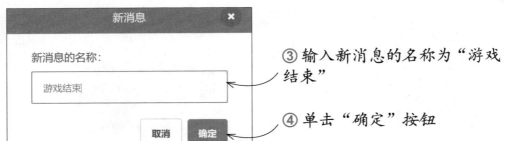

③ 输入新消息的名称为"游戏结束"

④ 单击"确定"按钮

09 将背景切换为"胜利背景"，让玩家知道自己已经获胜。

① 添加"外观"模块下的"换成（游戏介绍背景）背景"积木块

② 单击"游戏介绍背景"右侧的下拉按钮，在展开的列表中选择"胜利背景"选项

③ 将背景切换为"胜利背景"

10 上传自定义的"游戏名字"角色。

② 选择"游戏名字"素材

① 单击"上传角色"按钮

③ 单击"打开"按钮

191

11 上传自定义的"游戏介绍"角色，分别调整"游戏名字"和"游戏介绍"角色的大小和位置。

① 设置"游戏名字"角色的大小和位置

角色	游戏名字	x	0	y	104
⊙ Ø		大小	80	方向	90

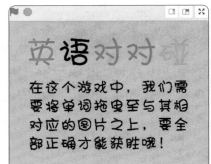

② 设置"游戏介绍"角色的大小和位置

角色	游戏介绍	x	0	y	-53
⊙ Ø		大小	80	方向	90

12 选中"游戏名字"角色，为角色编写脚本。当单击 ▶ 按钮时，切换为"游戏介绍背景"，并显示该角色。

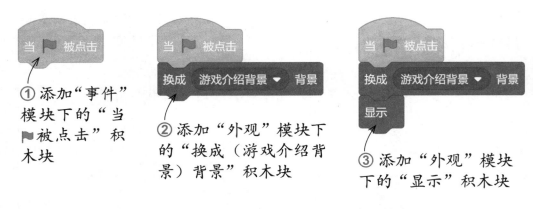

① 添加"事件"模块下的"当 ▶ 被点击"积木块

② 添加"外观"模块下的"换成（游戏介绍背景）背景"积木块

③ 添加"外观"模块下的"显示"积木块

13 当接收到"游戏开始"的消息时，将"游戏名字"角色隐藏起来。

① 添加"事件"模块下的"当接收到（游戏结束）"积木块

② 单击"游戏结束"右侧的下拉按钮，在展开的列表中选择"新消息"选项

③ 输入新消息的名称为"游戏开始"

④ 单击"确定"按钮

⑤ 添加"外观"模块下的"隐藏"积木块

14 选中"游戏介绍"角色，为角色编写脚本。当单击▶按钮时，显示角色，等待玩家看完游戏介绍后，将角色隐藏起来。

① 添加"事件"模块下的"当▶被点击"积木块

② 添加"外观"模块下的"显示"积木块

③ 添加"控制"模块下的"等待（）秒"积木块，将框中的数值更改为 8

④ 添加"外观"模块下的"隐藏"积木块

15 广播"游戏开始"的消息，然后切换至"答题背景"，准备答题。

① 添加"事件"模块下的"广播（游戏开始）"积木块

② 添加"外观"模块下的"换成（游戏介绍背景）背景"积木块

③ 单击"游戏介绍背景"右侧的下拉按钮，在展开的列表中选择"答题背景"选项

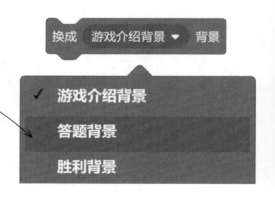

16 上传自定义的"狮子""熊""熊猫"角色，并调整这些角色的大小和位置。

① 设置"狮子"角色的大小和位置

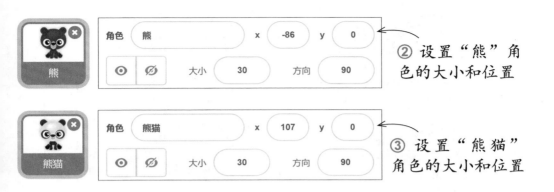

② 设置"熊"角色的大小和位置

③ 设置"熊猫"角色的大小和位置

17 选中"狮子"角色，为角色编写脚本。当单击▶按钮时，隐藏"狮子"角色。

① 添加"事件"模块下的"当▶被点击"积木块

② 添加"外观"模块下的"隐藏"积木块

18 当接收到"游戏开始"的消息时，显示"狮子"角色。

① 添加"事件"模块下的"当接收到（游戏开始）"积木块

② 添加"外观"模块下的"显示"积木块

19 当接收到"游戏结束"的消息时，再次隐藏"狮子"角色。

① 添加"事件"模块下的"当接收到（游戏开始）"积木块

③ 添加"外观"模块下的"隐藏"积木块

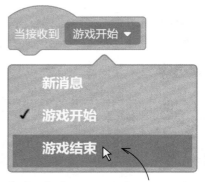

② 单击"游戏开始"右侧的下拉按钮，在展开的列表中选择"游戏结束"选项

20 选中"熊"角色，为角色编写脚本。"熊"角色的脚本与"狮子"角色的脚本相同：当单击▶按钮时，隐藏角色；当接收到"游戏开始"的消息时，再显示角色；当接收到"游戏结束"的消息时，再次隐藏角色。

① 单击▶按钮时，隐藏"熊"角色

② 接收到"游戏开始"的消息时，显示"熊"角色

③ 接收到"游戏结束"的消息时，隐藏"熊"角色

21 选中"熊猫"角色，为角色编写脚本。"熊猫"角色的脚本与另外两个动物角色的脚本相同：当单击▶按钮时，隐藏角色；当接收到"游戏开始"的消息时，再显示角色；当接收到"游戏结束"的消息时，再次隐藏角色。

① 单击▶按钮时，隐藏"熊猫"角色

② 接收到"游戏开始"的消息时，显示"熊猫"角色

③ 接收到"游戏结束"的消息时，隐藏"熊猫"角色

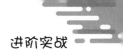

22 通过绘制，创建与"熊"角色对应的单词角色。

③ 设置填充颜色：6、饱和度：75、亮度：100

① 单击"绘制"
按钮

② 单击"文本"工具

④ 输入英文"bear"

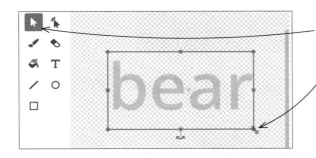

⑤ 单击"选择"工具

⑥ 选中英文，拖动文本框，
放大英文

23 将绘制的单词角色命名为"bear"，然后调整角色的大小和位置。使用
相同的方法制作另外两个单词角色。

角色	bear		x	-111	y	-121
👁	Ø	大小	30	方向	90

① 设置"bear"角色的大小和位置

② 设置"panda"角色的大小和位置

角色	panda		x	18	y	-121
👁	Ø	大小	30	方向	90

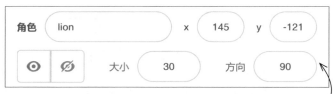

③ 设置"lion"角色的大小和位置

24 选中"bear"角色，为角色编写脚本。当单击▶按钮时，隐藏角色。

① 添加"事件"模块下的"当▶被点击"积木块

② 添加"外观"模块下的"隐藏"积木块

25 当接收到"游戏开始"的消息时，将"bear"角色移动到舞台下方并显示出来。

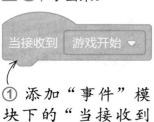

① 添加"事件"模块下的"当接收到（游戏开始）"积木块

② 添加"运动"模块下的"移到 x:（-111）y:（-121）"积木块

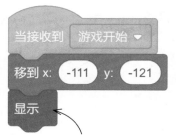

③ 添加"外观"模块下的"显示"积木块

26 显示"bear"角色后，玩家要将其拖动到对应的动物图片上，因此，需要不断侦测"bear"角色是否碰到"熊"角色。

① 添加"控制"模块下的"重复执行"积木块

② 添加"控制"模块下的"如果……那么……"积木块

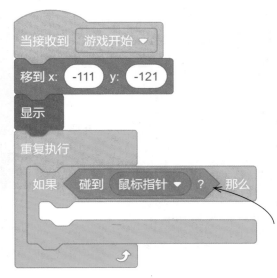

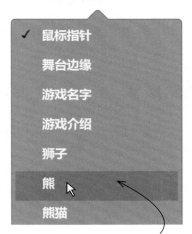

④ 单击"鼠标指针"右侧的下拉按钮，在展开的列表中选择"熊"选项

③ 将"侦测"模块下的"碰到（鼠标指针）？"积木块拖动到"如果……那么……"积木块的条件框中

27 如果"bear"角色碰到"熊"角色，则让"bear"角色滑行到"熊"角色的上方。

① 添加"运动"模块下的"在（）秒内滑行到 x:（）y:（）"积木块

② 保留"在（）秒内滑行到 x:（）y:（）"积木块第 1 个框中的数值 1，将第 2 和第 3 个框中的数值分别更改为 -82 和 10

28 当"bear"角色与"熊"角色匹配正确后，将"分数"变量的值增加 1，并停止运行"bear"角色的脚本。

① 添加"变量"模块下的"将（分数）增加（1）"积木块

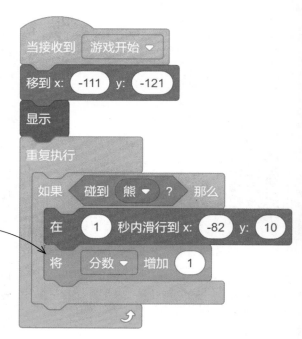

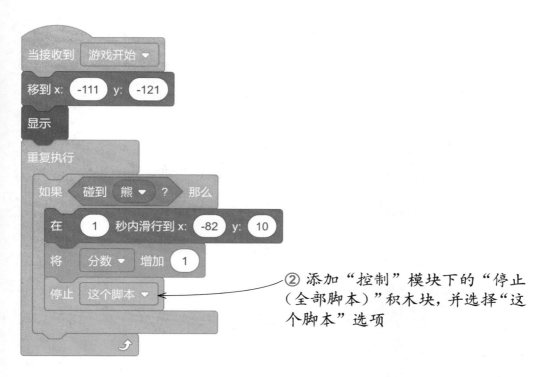

② 添加"控制"模块下的"停止（全部脚本）"积木块，并选择"这个脚本"选项

29 "panda"和"lion"角色的脚本与"bear"角色的脚本非常相似，只需要将编写好的"bear"角色的脚本复制到"panda"和"lion"角色上，然后修改几个地方即可。

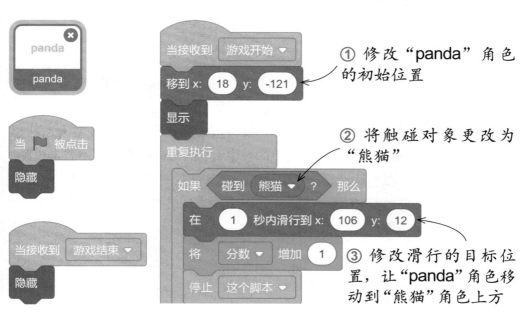

① 修改"panda"角色的初始位置

② 将触碰对象更改为"熊猫"

③ 修改滑行的目标位置，让"panda"角色移动到"熊猫"角色上方

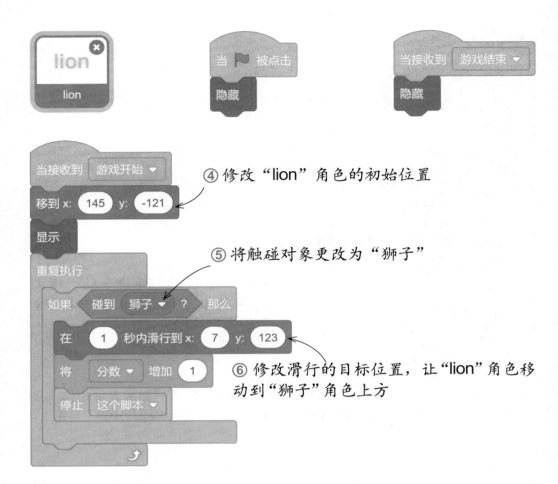

④ 修改"lion"角色的初始位置

⑤ 将触碰对象更改为"狮子"

⑥ 修改滑行的目标位置，让"lion"角色移动到"狮子"角色上方

大鱼吃小鱼

　　本实例要制作一个大鱼吃小鱼的游戏。在游戏过程中，舞台上会有一只鲨鱼和一只小鱼，它们被各自随机分配了一个 1 ~ 20 之间的数字，玩家需要用鼠标控制鲨鱼移动去"吃"小鱼。如果鲨鱼的数字比小鱼的数字大，则小鱼被"吃掉"；如果小鱼的数字比鲨鱼的数字大，则小鱼向舞台右侧游走逃脱。在小鱼被"吃掉"或逃脱后，会有新的小鱼从舞台左侧游入。在编写脚本时，主要运用"运算"模块下的"（）<（）"积木块来比较数字的大小，以判断鲨鱼能否"吃掉"小鱼。

素材文件　无

程序文件　实例文件 \ 06 \ 源文件 \ 大鱼吃小鱼.sb3

01 创建一个新的 Scratch 项目，删除初始角色，添加背景库中的 "Underwater 2" 背景。在 "变量" 模块下创建 "吃掉小鱼数量" "小鱼数字" "鲨鱼数字" 3 个变量，分别用于存储鲨鱼吃掉的小鱼数量、分配给小鱼的数字、分配给鲨鱼的数字。

02 添加角色库中的 "Shark 2" 角色，在 "声音" 选项卡下为角色添加声音库中的 "Drum Boing" 声音，在 "代码" 选项卡下为角色编写脚本。设置 "吃掉小鱼数量" 变量的初始值为 0，让鲨鱼说出 1 ～ 20 之间的随机数字，然后让鲨鱼跟随鼠标指针移动。当鲨鱼碰到小鱼时，如果小鱼的数字比鲨鱼的数字小，则更换鲨鱼的数字，并将 "吃掉小鱼数量" 变量的值增加 1；如果小鱼的数字比鲨鱼的数字大，则播放不能吃的音效。

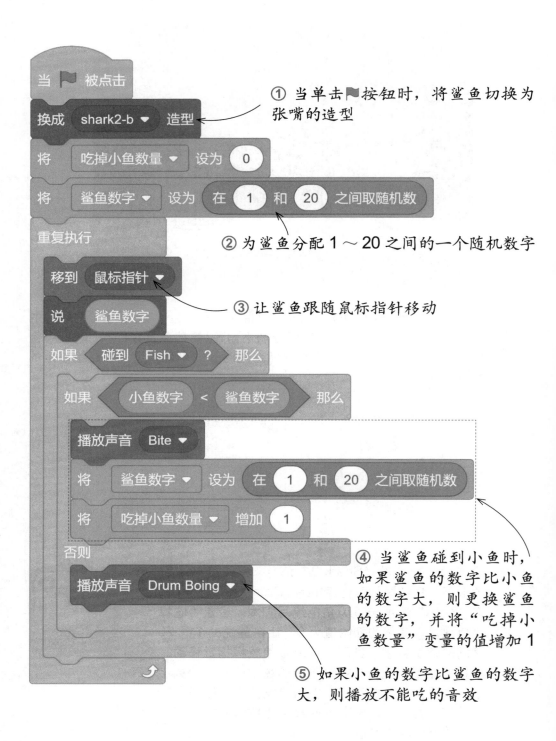

① 当单击▶️按钮时，将鲨鱼切换为张嘴的造型

② 为鲨鱼分配 1～20 之间的一个随机数字

③ 让鲨鱼跟随鼠标指针移动

④ 当鲨鱼碰到小鱼时，如果鲨鱼的数字比小鱼的数字大，则更换鲨鱼的数字，并将"吃掉小鱼数量"变量的值增加 1

⑤ 如果小鱼的数字比鲨鱼的数字大，则播放不能吃的音效

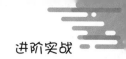

03 添加角色库中的"Fish"角色，为角色编写脚本。当单击▶按钮时，小鱼以随机挑选的造型从舞台左侧面向舞台右侧游动，同时说出 1 ~ 20 之间的一个随机数字。当小鱼碰到鲨鱼时，比较数字大小，如果小鱼的数字比鲨鱼的数字小，则将小鱼隐藏，表示被"吃掉"，然后移回舞台左侧重新开始。

Fish

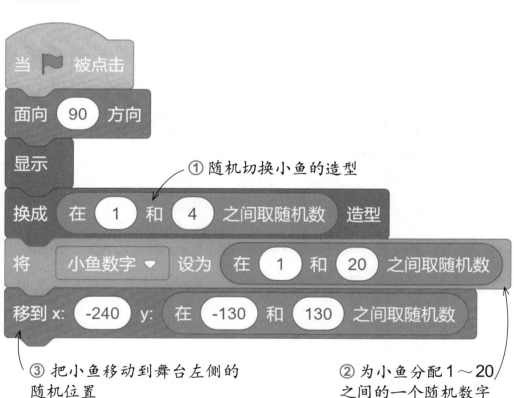

当 ▶ 被点击

面向 90 方向

显示

① 随机切换小鱼的造型

换成 在 1 和 4 之间取随机数 造型

将 小鱼数字 ▼ 设为 在 1 和 20 之间取随机数

移到 x: -240 y: 在 -130 和 130 之间取随机数

③ 把小鱼移动到舞台左侧的随机位置

② 为小鱼分配1~20之间的一个随机数字

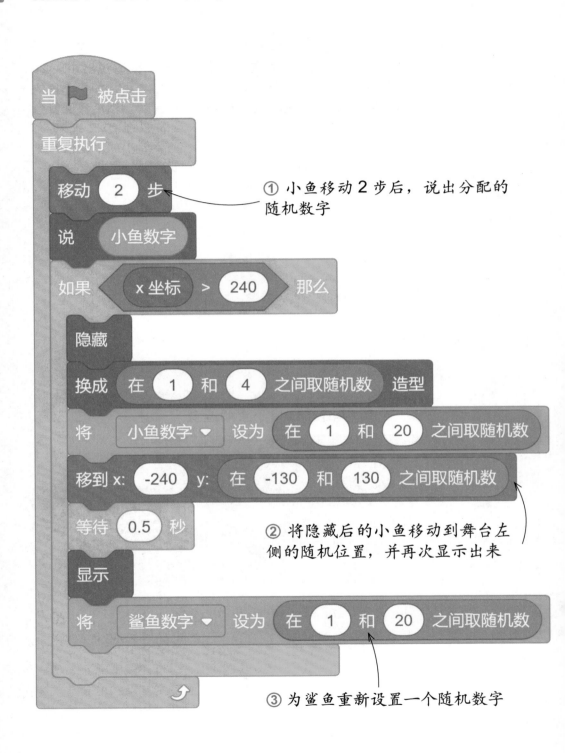

当 🏳 被点击

重复执行

移动 2 步 ← ① 小鱼移动 2 步后，说出分配的
随机数字

说 小鱼数字

如果 < x 坐标 > 240 > 那么

隐藏

换成 在 1 和 4 之间取随机数 造型

将 小鱼数字 ▼ 设为 在 1 和 20 之间取随机数

移到 x: -240 y: 在 -130 和 130 之间取随机数 ← ② 将隐藏后的小鱼移动到舞台左
侧的随机位置，并再次显示出来

等待 0.5 秒

显示

将 鲨鱼数字 ▼ 设为 在 1 和 20 之间取随机数

③ 为鲨鱼重新设置一个随机数字

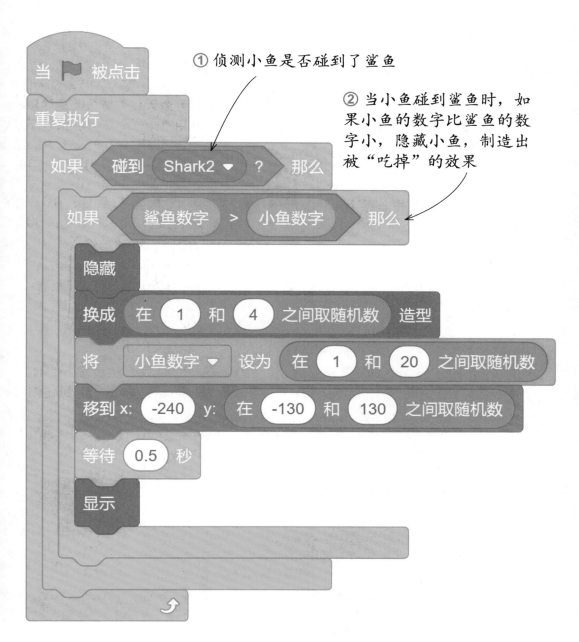

① 侦测小鱼是否碰到了鲨鱼

② 当小鱼碰到鲨鱼时，如果小鱼的数字比鲨鱼的数字小，隐藏小鱼，制造出被"吃掉"的效果

自由绘画

本实例要制作一个自由着色的小游戏，玩家用鼠标控制画笔移动，单击舞台底部的色块选择颜色，然后在舞台上的线稿图中拖动鼠标进行涂抹着色。在编写脚本时，主要利用消息的广播与接收来更改画笔的颜色。

207

素材文件 ▶ 实例文件 \ 06 \ 素材 \ 可爱天使.svg
程序文件 ▶ 实例文件 \ 06 \ 源文件 \ 自由绘画.sb3

01 创建一个新的 Scratch 项目，上传自定义的"可爱天使"背景。删除默认的"背景 1"，选择"可爱天使"背景，使用"矩形"工具在天使下方绘制长条矩形。

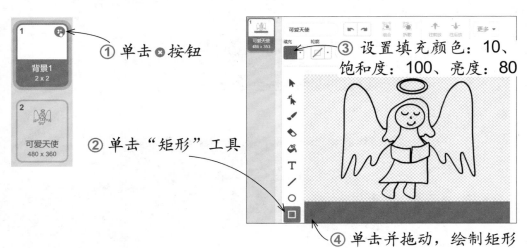

① 单击 ⊗ 按钮
② 单击"矩形"工具
③ 设置填充颜色：10、饱和度：100、亮度：80
④ 单击并拖动，绘制矩形

02 删除初始角色。通过"绘制"的方式，用"矩形"工具绘制 5 个色块角色，为色块填充不同的颜色，并将角色重命名为相应的颜色。在舞台上将色块角色均匀摆放在天使下方的矩形上。

橘色
颜色：11
饱和度：80
亮度：100

粉红色
颜色：1
饱和度：15
亮度：100

淡青色
颜色：47
饱和度：92
亮度：80

灰蓝色
颜色：45
饱和度：6
亮度：90

浅褐色
颜色：7
饱和度：46
亮度：71

03 分别选中 5 个色块角色，为角色编写脚本，实现当单击角色时，广播相应颜色的消息。

① 当单击舞台上的"粉红色"角色时，广播消息"粉红色"

② 当单击舞台上的"橘色"角色时，广播消息"橘色"

③ 当单击舞台上的"淡青色"角色时，广播消息"淡青色"

④ 当单击舞台上的"灰蓝色"角色时，广播消息"灰蓝色"

⑤ 当单击舞台上的"浅褐色"角色时，广播消息"浅褐色"

04 添加角色库中的"Pencil"角色，将角色的大小更改为 50。在"造型"选项卡下选中"Pencil-b"造型，用"选择"工具在绘图区移动铅笔图形，使笔尖位于绘图区的中心点附近。

① 单击"选择一个角色"按钮

② 选择"Pencil"角色

③ 在"造型"选项卡下选中"Pencil-b"造型

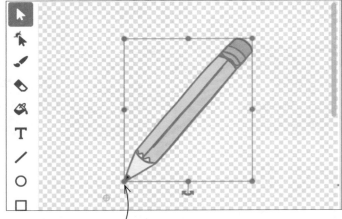

④ 用"选择"工具移动铅笔图形，使笔尖位于中心点附近

05 为"Pencil"角色编写脚本，使"Pencil"角色在接收到不同的消息时，将画笔更改为对应的颜色。

① 设置颜色：1、饱和度：15、亮度：100

② 设置颜色：11、饱和度：80、亮度：100

③ 设置颜色：47、饱和度：92、亮度：80

④ 设置颜色：45、饱和度：6、亮度：90

⑤ 设置颜色：7、饱和度：46、亮度：71

06 当单击▶按钮时，将"Pencil"角色移动到舞台的最前面，擦除所有的图案，然后调整画笔粗细，做好绘画的准备。

① 添加"事件"模块下的"当▶被点击"积木块

② 添加"外观"模块下的"移到最（前面）"积木块

③ 添加"画笔"扩展模块下的"全部擦除"积木块

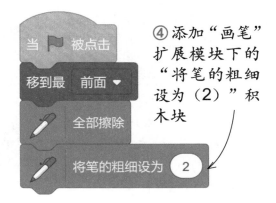

④ 添加"画笔"扩展模块下的"将笔的粗细设为（2）"积木块

07 接下来就要使用画笔进行绘制。先添加"重复执行"积木块，然后应用条件语句根据不同的条件来执行相应的操作。

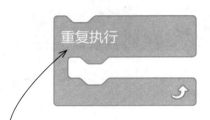

① 添加"控制"模块下的"重复执行"积木块

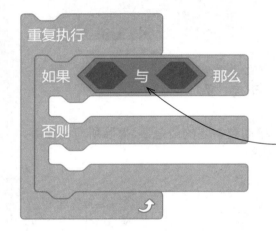

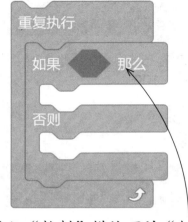

② 添加"控制"模块下的"如果……那么……否则……"积木块

③ 将"运算"模块下的"（）与（）"积木块拖动到"如果……那么……否则……"积木块的条件框中

08 添加条件语句后，接着设定执行不同脚本的条件。这里需要实时侦测玩家是否在绘制区按下鼠标，即同时满足"鼠标被按下"和"角色的 y 坐标值大于 -130"。

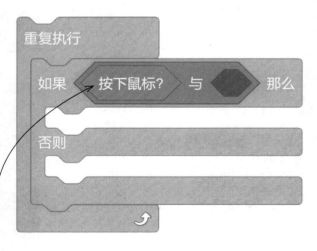

① 将"侦测"模块下的"按下鼠标？"积木块拖动到"（）与（）"积木块的第 1 个条件框中

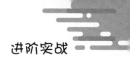

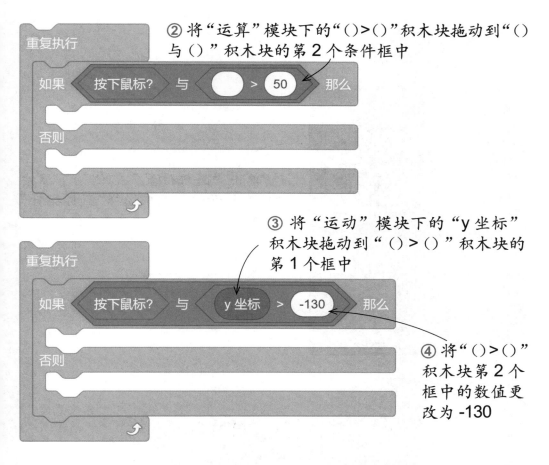

②将"运算"模块下的"（）>（）"积木块拖动到"（）与（）"积木块的第2个条件框中

③将"运动"模块下的"y坐标"积木块拖动到"（）>（）"积木块的第1个框中

④将"（）>（）"积木块第2个框中的数值更改为-130

09 如果同时满足两个条件，就将"Pencil"角色移动到鼠标指针所在位置，并落下画笔开始绘制图案。

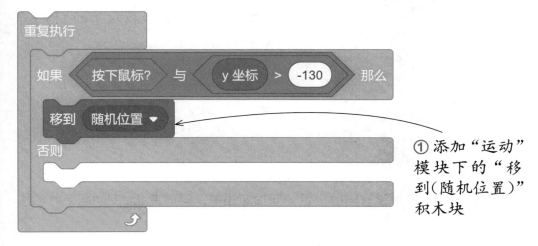

①添加"运动"模块下的"移到（随机位置）"积木块

② 单击"随机位置"右侧的下拉按钮，在展开的列表中选择"鼠标指针"选项

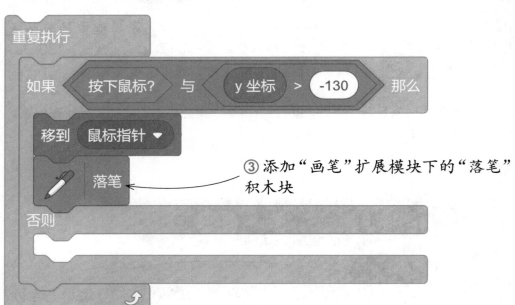

③ 添加"画笔"扩展模块下的"落笔"积木块

10 如果两个条件没有同时满足，则抬起画笔。同时要让"Pencil"角色始终跟随鼠标指针移动。

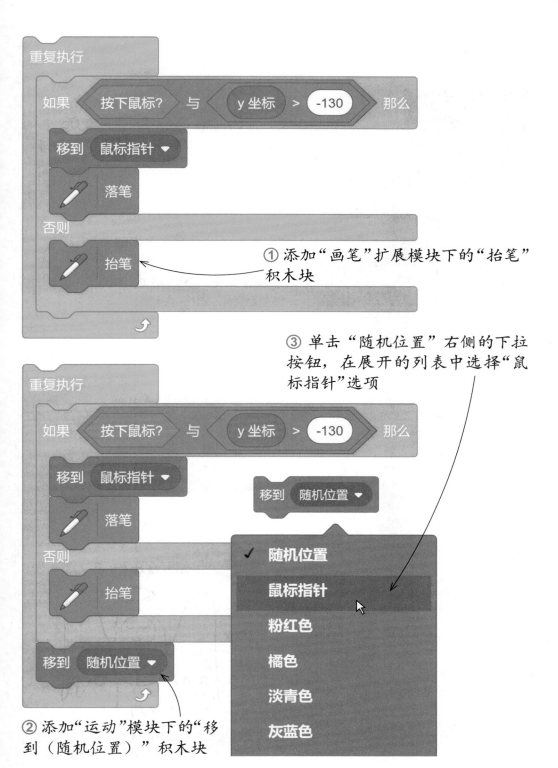

① 添加"画笔"扩展模块下的"抬笔"积木块

③ 单击"随机位置"右侧的下拉按钮，在展开的列表中选择"鼠标指针"选项

② 添加"运动"模块下的"移到（随机位置）"积木块

215

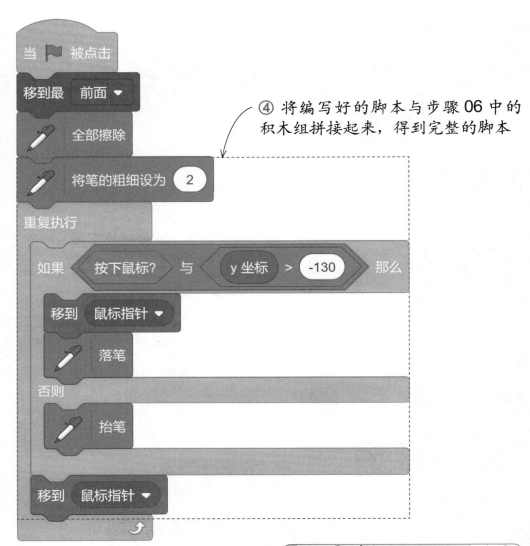

④ 将编写好的脚本与步骤 06 中的积木组拼接起来，得到完整的脚本

11 单击▶按钮，运行脚本，就可以用鼠标在舞台上绘画了。到这里，这个实例就制作完成了。

① 单击▶按钮

③ 在线稿图中间涂抹绘制

② 单击舞台下方的色块选择颜色